# 猫が[illegible]をノックする

岡野薫子

草思社文庫

すべての猫好きと猫嫌いの人たちへ

# 猫がドアをノックする　目次

第一章 わが家の猫たち 11
飼うつもりはなかったのに 12
猫好きだったジャックさん 30
猫は自分のしたいことをする 37
猫の不思議 46
第二章 思い出の中の猫 55
小学生のころ 56
教授の家の猫 61
猫は猫、人は人 67
留守番をしたトラ 74
いなくなったトラ 79
二度と猫は飼うまい 85
第三章 ゴッドマザー〝ホシ〟 91

猫向きのマンション 93
二匹の子猫 100
別所坂のできごと 109
新入りの子猫〝ホシ〟 114
ホシと娘の〝チビ〟 122
モデルの猫たち 131

第四章 ふえていく猫 143

牝猫・牡猫 144
赤ちゃん猫を運んでくる 151
チビの怪我 158
束の間の山荘暮らし 165
真夜中の猫たち 171
子猫の教育 179

第五章 ミイコの分家 189
ドライ・エリア 190
病気のホシ 198
次々、猫たちいなくなって…… 209
鳥のしわざ? 218
猫はすごい! 222
第六章 里親さがし 229
コンパニオン・アニマル 230
子猫の誕生 236
里親さがし 242
いたずらハリー 248
ふえる子猫 257
世話のやける猫一族 266

第七章　猫の運命《うんめい》　277


二度目の里親さがし　278
ニャンニャンハウス　282
猫をめぐるトラブル　296
大いそがしの日々　305
事件つづき　322


第八章　動物病院　331


獣医師との合性？　332
猫の入院　340
猫汎白血球減少症　349
ポーの退院　357
猫たちいなくなる　363

第九章 猫さまざま 371
恩を仇に 372
頼りになる黒猫ポー 381
貰われていった猫たち 388
あとがき 399
文庫版あとがき 406

# ホシの家系

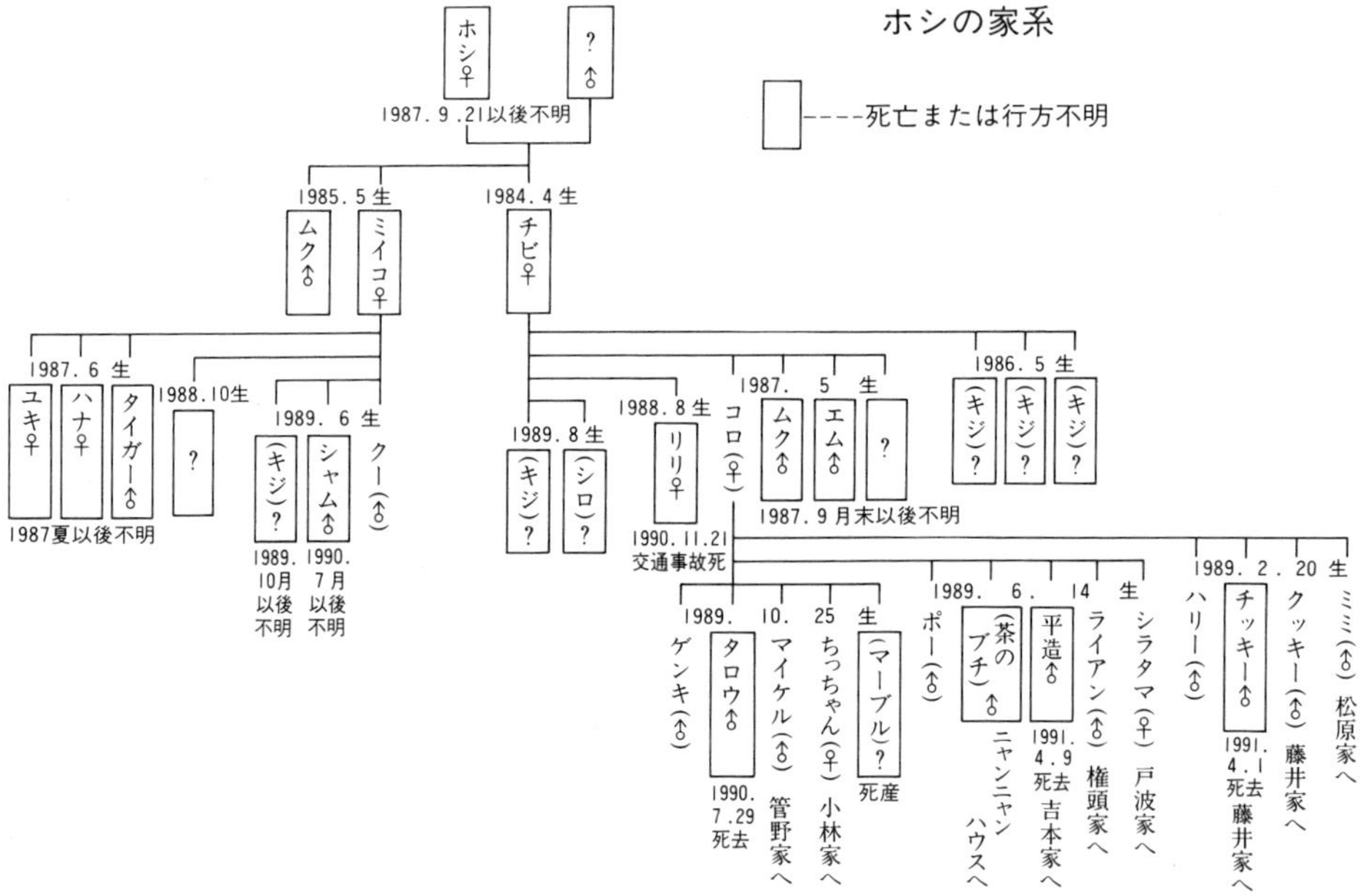
ホシ♀
?♂
1987.9.21以後不明
□----死亡または行方不明
1985.5生
ムク♂
ミイコ♀
1984.4生
チビ♀
1987.6生
ユキ♀
ハナ♀
タイガー♂
1987夏以後不明
1988.10生
?
1989.6生
(キジ)?
シャム♂
クー(♂)
1989.10月以後不明
1990.7月以後不明
1989.8生
(キジ)?
(シロ)?
1988.8生
リリ♀
コロ(♀)
1990.11.21 交通事故死
1987.5生
ムク♂
エム♂
?
1987.9月末以後不明
1986.5生
(キジ)?
(キジ)?
(キジ)?
1989.10.25生
ゲンキ(♂)
タロウ♂
1990.7.29 死去
マイケル(♂) 管野家へ
ちっちゃん(♀) 小林家へ
(マーブル)? 死産
1989.6.14生
ポー(♂)
(茶のブチ)♂ ニャンニャンハウスへ
平造♂ 1991.4.9 死去 吉本家へ
ライアン(♂) 権頭家へ
シラタマ(♀) 戸波家へ
1989.2.20生
ハリー(♂)
チッキー♂ 1991.4.1 死去 藤井家へ
クッキー(♂) 藤井家へ
ミミ(♂) 松原家へ

第一章

# わが家の猫たち

# 飼うつもりはなかったのに

夜、マンションのドアをたたく音がする。はじめは静かに、間をおいた二度のノック。いつものことだが、どきっとさせられる。すぐに立っていかないと、たちまち荒々しいノックに変わり、周囲に反響する。私はあわてて、玄関にとんでいく。わが家のハリーのお帰りである。

ハリーが、どんなぐあいにドアをノックするのか、家の中にいる私にはわからない。あの前足のうらの肉球でたたくのかもしれないな——と思ってもみたが、ノックの音は、どうやら牛乳受けと関係があるらしかった。あるとき、ドアの下方にはめこまれた牛乳受けの底が回転し、隙間から、黒い縞々《しましま》の、棒のような前足がつきでていた。

牛乳受けは、箱ごと回転して開閉するしくみになっている。外側に、把手《とって》というか、小さなつまみがついていて、これを手前に引いて牛乳壜を入れると、自然に閉まる。そのつまみを上から押しても、同じように箱は回転する。

これまで、私は、牛乳受けを持ちあげて、その隙間から、外にいる猫たちの様子をうかがうことがあった。ハリーはそれを見ていて、自分でも外から試してみたのだろう。最初はほんの遊びのつもりで、前足をかけ、つまみを押すうち、ある日、思いがけない効用に気がつく。そうやって押して離すと、閉まるときに音がする。勢いよく押して離せば、大きな音をたてる。すると、それが合図になってドアが開く。

これが、ハリーのノックの音なのであった。

ここは六階建てのマンションで、四階に私の仕事場がある。この仕事場に寝泊まりもしている。その四階まで、いったいどうして猫がやってこられるのか。たいていの人は不思議がる。

「まさか、猫がエレベーターを使うんじゃないでしょうね」と、友だちもいう。

いつだったか、ケーブルカーを利用して山頂と山麓を往復する猫の話が、新聞に載ったこともあり、エレベーターを使う猫の話だって、ありえないことではないからだった。

しかし、猫はちゃんと階段を使って、私のところへ、とことこ四階まで昇ってくるのである。裏からの近道もあって、このほうは何通りもの猫道がわが家に通じている。だいたい、ここのマンションの建て方、いや立地条件そのものが、猫の生活にまったく適ったものなのであった。

目黒区の高台にある、このマンションは、東南の表側が、まがりくねった急坂〝別所坂〟に面している。また、この坂に面して、マンションの向い側には、別所坂児童公園がある。丘の上の公園なので、階段を百段近くも昇る。櫟《くぬぎ》の巨木があり、地形を生かし

別所坂児童公園の入り口

た遊び場がつくられている。別所坂を昇りきった角のところに庚申塚のお堂がある。お堂の傍らには大きな欅《けやき》の古木が枝をひろげ、夏は涼しい日陰をつくる。

別所坂の北西側の高い崖の上に、以前は、白い洋館が二、三軒建っていた。しかし、地盤が弱く、たびたびの崖崩れで、ついに、家は土台から傾いて陥没した。無人のまま、長いあいだ荒れるにまかせてあったのが、崖をえぐって、その跡にはめこむような形で、現在のマンションが建った。ちょうど十年ほど前のことである。

マンションの建物は、正面から見ると、左右両側に四、五メートル幅の赤煉瓦の階段が、まっすぐ三階までつづいていて、ちょっとした景観だ。〝リズミカルな階段〟〝ハンガリー大使館に隣接、緑と静けさの恵比寿台〟というのが、当初、売り出しの際に使わ

別所坂から見た私の仕事場のマンション

庚申堂

ハンガリー大使館前

れた謳《うた》い文句だった。三階から上は回り階段になる。

地形上、表側から見て三階の高さも、裏側では事実上、半地下になる。それで、湿気を防ぐため、建物の両側に、一階から三階まで、コンクリート塀で囲った吹き抜け部分が設けられ、これを〝ドライ・エリア〟と称している。エレベーターにしても、三階から始まって六階に通じるという変則ぶりだ。

建物の裏側は、ハンガリー大使館の広い庭に接し、大谷石の石垣と、さらに高さ四メートルのコンクリート塀で遮られている。塀沿いに目かくしを兼ねて、椿や桜、松などが植えられている。

大使館前の広場から見た別所坂

↑別所坂　↑庚申堂　↑老夫妻の住む古屋敷

マンションの四階から外の道へ出るには、玄関前から階段を降りていく直線コースと、いったん三階まで降り、裏手の階段を昇って、大銀杏《おおいちょう》のわきの木戸から大使館前の広場に出るコースがある。

大使館前の広場に面して、向かい側は、二百戸八階建てのマンションと、それに付属する細長い駐車場だ。こちらのマンションの一室に、私の書庫兼住まいがある。

さて、再び大銀杏の木戸のところに戻ると、マンションの右隣は、五百坪の敷地に平屋建ての古い木造家屋で、老夫妻がひっそりと暮らしている。広い庭には池もあり、木々も多く、野鳥がたくさんやってくる。

この古屋敷の隣が、別所坂をのぼってきたところの庚申堂になる。

複雑な地形と、緑に囲まれた環境は、そのまま、猫が住むのに適した場所というわけだ。急坂のため、車の通りぬけができないから、入ってくる車は、すべて駐車が目的の徐行運転で、その面でも猫たちは安全だった。


十年ほど前、今のマンションを仕事場として、周辺の猫たちとつきあうようになってから、つくづく思うようになった。〝猫はまったくたいした動物だ〟と。

私自身は、もとからの動物好きだが、飼うことにそれほどの積極さはもちあわせていない。仕事をもつひとり暮らしの身ということもあるけれど、互いにあっさりした関係でいるほうが、自分の性分にあっているようなところがある。車の屋根でひなたぼっこの猫や、つながれて退屈そうな犬に、「どう？　元気？」と、声をかける。〈まあね〉と、相手もあくびまじりに応えてくれる。そのくらいが、ちょうど適当なのである。

ところが、それだけではすまなくなった。猫のほうから積極的に、私を仲間にひき入れようと企てたからだった。

猫は、一見、気まぐれのようでいながら、実に計画的で、いつも、自分の目的に従って行動する。しかも、それは野生の本能と結びついたものだから、彼らの計画の成功率は非常に高い。私を仲間にひき入れるくらいはたやすいことだったにちがいない。

──とはいうものの、私は猫を飼うつもりなどまったくなかったから、彼らにとって、家猫になれる確率はずいぶん低かったはずである。牝猫のコロだけが、いろいろな事件のあとで、自由にわが家に出入りするようになり、とうとう家の中で子を産んだ。冒頭で、ドアをノックしたハリーは、コロが最初に産んだ子である。

コロは、一年に三回、子を産んだ。もしも、子猫のすべてが順調に発育し、そのまま、わが家に残ったとしたら、たちまち十五匹もの大所帯になるところだった。子猫が乳離れするのはおそく、それを待つあいだに、またもや妊娠してしまうからである。

コロの子で、今、私のところにいるのは、一九八九年二月二十日誕生のキジ猫ハリーのほかに、同じ年六月十四日誕生の黒猫ポー、十月二十五日誕生の茶トラのゲンキ。ともに牡猫である。猫は生後六か月で人間の十歳に相当し、一年目で十五歳、二年目で二十四歳、その後は一年に四歳ずつ年とっていくという。

わが家には、人間の年齢に換算して、一九九一年四月現在で、二十五歳のハリー、二十二歳のポー、そして十九歳の末っ子ゲンキと──、三きょうだいが揃っていることになる。

母猫のコロは、一九八七年の四月生まれだから、人間でいえば二十五歳で母親になり、現在三十二歳ということになる。三十歳を超したばかりにしては、ずいぶん分別のある顔だ。さまざまな苦労──、それも命がけの試練を経てきた顔だ。彼女の頭の働きは緻密で、表情は実に豊かである。生まれたときから、眉のところにオレンジ色の斑紋のぽつぽつあるのが、いっそう、その考え深さを際立たせている。コロの毛並みは、縞模様の下の地色がオレンジで、そのため縞はぼけているものの、日の光の加減で、美しく輝いて見える。

猫社会のことは、人間の私などにははかり知れないものがあって、そのへんはコロにまかせておくと、間違いがない。私のために——、そしてもちろん、自分のためにもなるように、コロが万事はからってくれる。浅はかな私が、コロのいう通りにしなかったための失敗はいろいろあった。

用心深いコロは、私が外出すると、きまって自分も外に出てしまう。マンションの周辺で工事をしていて騒がしいときも、コロは家にいない。私が外出先から帰ってくると、コロは、マンションの四階の外廊下の端に座って、裏木戸の方をじっと見ながら待っている。私を認めると、はじかれたように立ち上がって階段を走り降り、三階の外廊下を走りぬけ、鳴きながら迎えにとんでくる。

「だめよ、コロ。静かにしなくちゃ」

あたりをはばかって制すると、「そんなこと、いったって」というような鳴き方に変わって、今度は私の先を走っていく。私の帰りがおそくなったときは、待ちくたびれて、ぼんやりして、日ごろの用心深さもなくなって、階段にうずくまっている。すぐそばに

母猫コロ

左からハリー，
ゲンキ，タロウ

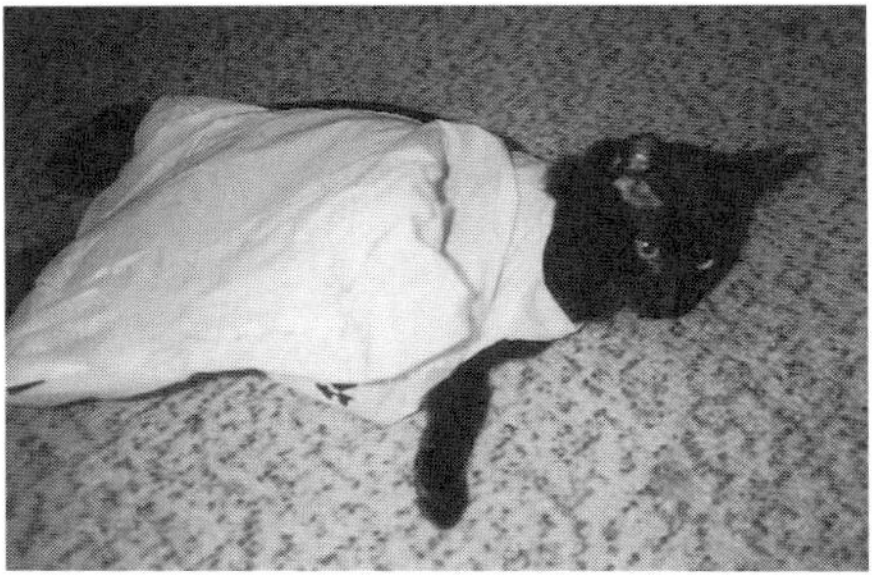

ビニール袋を
かぶったポー

近づくまで立ち上がろうとしないのは、あれはわざと気づかないふりをしているのかもしれない。コロの精いっぱいの抗議なのだ。私が身軽な服装で、隣のマンションに行くときは、コロもちゃんと察して、ついてくる。そして、近くの植え込みにかくれて、私が再び現われるのを待っている。

ハリーもやはり、私が家にいないときは外に出てしまう。ハリーは、大使館との境の塀の上で待っていて、「ウォーン」という声をあげながら、どしんととびおりてくる。いいのらのトラにやられ、怪我をしてからは、ハリーのこうした出迎えはなくなった。

猫たちが家から外に出ていきたいとき、その意思表示のしかたはさまざまだ。コロは、こちらに背を向けたまま、黙ってドアの前に坐りこむ。私が不精して立たないでいると、コロはこわい顔をこっちへ振り向けて、短く鳴く。いちいち鳴いて合図しなくたって、見ればわかるじゃないか——といっているのだ。

ポーも、外に出ていきたいとき、同じように、ドアの前に坐りこむ。彼は前足で、何とか開かないものかと試してみるが、駄目だとわかると、のびをして、諦めながら戻ってくる。どうしても外に出たいときは、私の方を振り返って、訴えるように鳴く。

同じような場面で、ハリーとゲンキは、こちらが辟易するような大声をあげるから、私はあわてて立ち上がらないわけにいかなくなる。

さて、コロの楽しみは、私と一緒の朝の散歩で、たいてい午前六時ごろと決まってい

丘の上の公園とその周辺

る。すぐ近くの丘の上の公園に、コロは嬉々としてついてくる。階段を一緒に昇るときもあり、階段わきの植え込みをもぐったり、斜めの防護壁の上を一直線に走っていくこともある。

公園の隣接地は、雛段式に数件の家が建っていて、そのなかの一軒に猫を飼っている家がある。黒白の斑《まだら》が美しい牡猫で、いつも長い紐でつながれている。去勢されているせいか、とてもおとなしい。自由に走りまわるわが家の猫たちを、大きな目で静かにみつめ、その縄張りにハリーが入りかけても、威嚇するようなことはない。ときどき、そこの飼い主が、公園や坂道を紐をひいて散歩させている。

丘の上の公園は、見晴しがとてもいい。私がぶらんこをこいでいるあいだ、コロは、

朝の散歩　コロと私は公園へ向かう

公園の遊具で遊ぶポー

両手で石をつかんで落としたり、そこらの木にとびついたり、かくれたり、子猫っぽいしぐさをして見せる。家にいるときとはまるで別の猫のようだ。そこへ、黒猫のポーがやってくる。――と、朝の散歩は、にわかにせわしないものになってしまう。二匹の追いかけっこが始まるからだ。親子なのに、このふたりはあまり仲がよくない。顔を合わせると、すぐケンカになる。コロのほうがいつも勝ちで、しかし、本気の闘争までには至らない。一種のゲームのようなものである。追いかけっこも、ポーは黒い馬のように走るけれど、なかなかコロには追いつけない。公園の階段を駆け下り、通りを横切って、マンションの階段を一気に駆け上がる。

コロとポーは、ほとんど同時に四階の踊り場に到着する。コロはぜんぜん息をきらしていないのに、ポーときたら、あえぐように呼吸していて、このかけっこもコロの勝ち。

ポーは陽気な性格で、おだてにもすぐのって、よくいうことをきいてくれる。めったに猫らしい声では鳴かず、キッキと、高音で短く鳴く。隣の部屋で鳴いたのを、「あれ、猫の声?」と、不思議そうに、人にきかれたことがあった。

公園では、コロがやきもちをやくので、ポーと私は遊べない。それで、遠くから片手で合図してやると、ポーは嬉しがって、あおむけにひっくり返って見せる。まるでリモコン操作のようだ――と思いながら、私は何度も試して面白がる。

ポーは子猫の面倒見がよくて、これにはずいぶん助かった。わがままで寂しがり屋の

ポーとゲンキは大の仲よし

ゲンキは、私が叱ると外へ逃げ、ひとりで戻るに戻れず、大声で鳴く。こんなときは、つかまえようにもつかまらない。鳴き鳴き逃げていくからだ。それを、ポーがなだめて連れて帰ってくる。

また、私が外出のとき、ポーも遊びに出ていていないことがある。ゲンキだけを家においていくのはどうも心配だ。

「ポー」

呼ぶと、ポーはたちまち、どこからか、疾風のごとく現われる。

「お願いね。すぐ帰ってくるからね」

留守番をポーに頼んで、やっと出かけることになる。

ゲンキのわがままが目立つようになったのは、病気で入院生活を送ってからだった。退院してきたゲンキには、面白い癖がついていた。それは、立っている私のからだをかけのぼってくることで、爪を出さずに、ぴょうんと腕の中にうまくおさまる。いきなりやられて、最初は驚いたが、気をつけているると、これをやるときは、必ず私の足もとを回って正面に出て、大きな目で見定めるようにする。そうして、「グルルル」と声をあげてとびつくのだ。「えいっ」という掛け声のかわりなのだろう。

面白いので、しまいには、こっちから催促して何度もやらせた。それが、すっかり、抱かれることの大好きな猫にしてしまった。

ゲンキはよく、私に命令する。朝は五時前に起き、部屋のドアを開けろと、カリカリひっかく。次は、ドアの下の隙間をひろげようというつもりか、前足で、その部分の絨緞をかきむしる。それでもほうっておくと、おしまいは、とび上がっての体当たりだ。これでは、こちらも起きないわけにいかなくなる。近所への気兼ねが、ますますゲンキをわがままにしてしまう。

ドアを開けてゲンキを居間に入れてやり、もう一度ベッドにもぐりこもうとしても、ゲンキはそれを許さない。ベッドにとび上がり、私の顔に自分の頭をこすりつけ、私のからだを足で踏みつけながら、ひっきりなしにのどをゴロゴロさせる。ゲンキのゴロゴロは二重奏のように、高い音と低い音が重なってきこえる。そして、その合間に高い声で鳴く。隣の部屋に私をつれていきたいのだ。そこに、猫のブラシかけの場所がつくってある。

こちらがやっと起きあがると、ゲンキのやつは、胸を反らし、短いしっぽをぴんと立て、意気揚々と、ブラシかけの場所に向かう。それを見ると、この小さな生きものが、こんなに威張っているのがおかしくなって、つい、いうことをきいてしまう。まあ、しかたがない、睡眠不足はあとの昼寝で補うとしよう。

ゲンキは、所定の場所で、くびがもげないかと気になるほどのはずみをつけて、あおむけにひっくり返る。そうして、前足を宙に浮かせたまま、からだをくねらせて見せる。いちばんかわいい顔、いちばんかわいい恰好を、自分でちゃんと心得ているのだ。

もう一つ、ゲンキの困った癖は、生のア

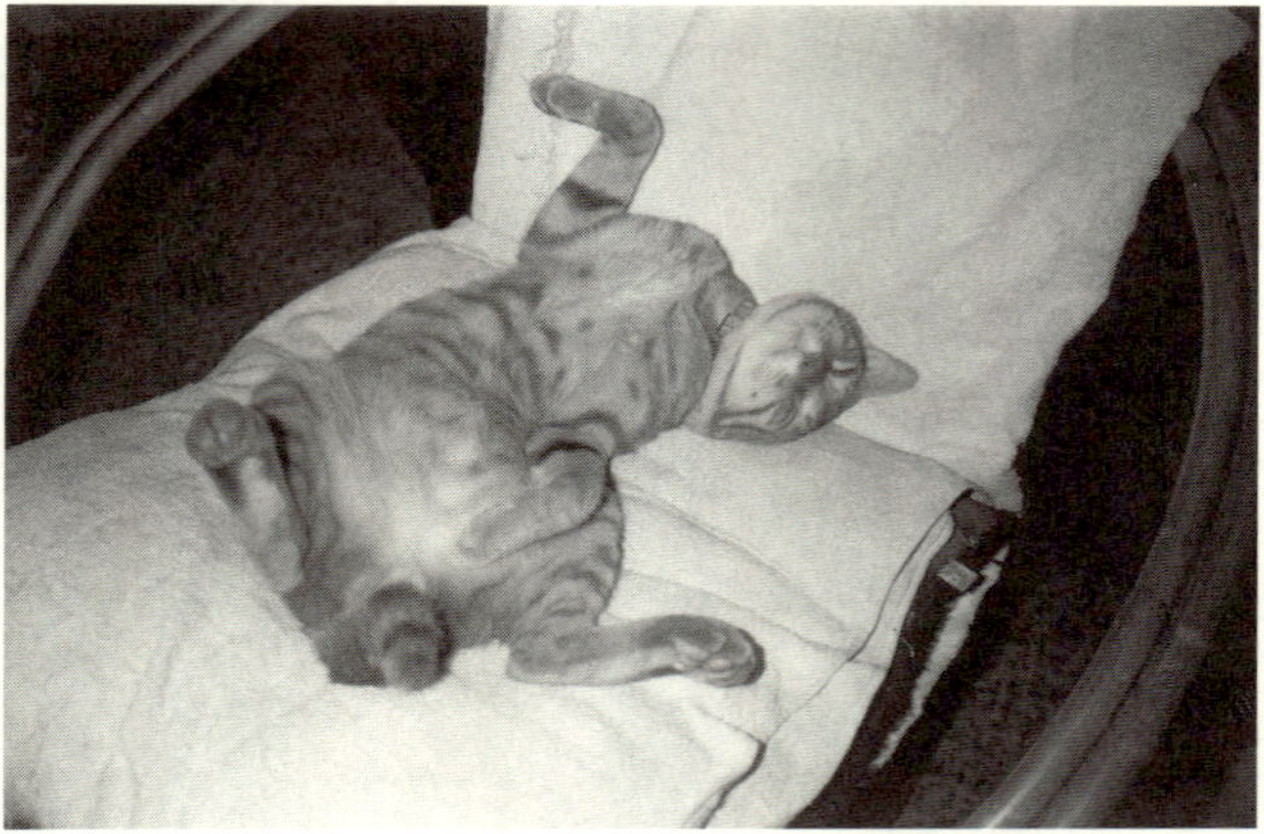

ゲンキのかわいいポーズ

ジしか食べないことだ。それも、一匹のアジをまるごとでないと承知しない。頭から尾ひれまで、残さずきれいに平らげる。アジが出てくるまで、食事の場所に坐りこんで大声をあげるので、ついつい、こちらも負けてしまう。ビタミンE欠乏症は、猫用ミルクで補うことにして、家に新鮮なアジを欠かすわけにいかなくなった。

「お客さん、アジを南蛮漬けにするとうまいよ」

魚屋は、私をよほどのアジ好きと見て、そんなことをいう。

末っ子のゲンキは、猫家族の誰にも、精いっぱい、わがままにふるまい、みんながこれを許してやっている。コロとハリーが一緒にならんで、ひっくり返っているゲンキを、せっせとなめたりするのである。

この、こわいもの知らずのゲンキぼうずも、わがままが過ぎると、お仕置にあう。いちばん効くのは、ハリーの、今にも噛みつきそうなうなり声だ。ゲンキはぴたっと静かになって、観念したように目を閉じてしまう。

ハリーの機嫌のわるいときに近づくのは禁物だが、ゲンキはたかをくくって、強引にからだをぴったりくっつけてしまう。たちまちハリーが怒りだす。――と、ゲンキは目を閉じて、そうっとそうっと、ハリーを刺激しないよう気づかいながら離れていく。

猫たちは、くつろいで、いい気分で、そうして私に見られていると感じているとき――、前足の手くびを、やわらかに交互にまげる。紐をたぐりよせるような、その動かし方は、赤ちゃん猫が母猫の乳を飲みながらしていたのと同じ動作だ。猫たちは――、コロまでが、ほとんど無意識のうちに、これをやっている。

母猫の存在は絶対で、大きくなった息子たちからも、コロは一目おかれている。幼かった昔、母猫の乳を飲み、大事に育てられた記憶が、いつまでも消えないのだろう。

猫たちのあまりに人間的な感情に、目をみはり、次第にそのことになれっこになっていると、ある日、突然、相手は野生の動物だったことに気づかされ、また目をみはらされる。昔から、猫が不思議な動物とされてきたのも、人間の身近にいる猫が、そうした際立った両面をはっきり見せるからであろう。人々のあいだに、極端な猫好きと猫嫌いが存在するのも、こんなところにあるのだろう。

## 猫好きだったジャックさん

猫たちに見こまれて、親しいつきあいが始まってみると、思いがけない発見に驚かされることが幾つもあった。猫たちは正直で、自分の気持に反することはしない。その心情はデリケートで傷つきやすく、個性豊かで、ときには人間以上の人間らしさ（?）を見せてくれた。しかし、それでいながら、彼らは完璧に野生そのものだった。

都会といえば、アパートやマンション暮らしは珍しくないが、その居住規則に、「犬猫等の動物は飼ってはいけない」という項目がある。動物の鳴き声、におい、糞尿の始末等、共同住宅から見てのマイナス面が強調されての規則である。

しかし、コンクリートにかためられた人工的なすまいの中で、人間以外の生きものが、私たちに人間らしいゆとりをもたらしてくれることも事実なのだ。ひそかに動物を飼う人や、餌を与える人はあとを絶たない。マンションの管理人も、たいていは大目に見てくれる。それでも規則を変えようとしないわけは、安易に飼いたがる人を暗に規制する意味もあるのだろう。

マンションの上の階に住みながら、特定の外猫とつきあっている人たちも意外と多い。そういう人たちは、猫の病気の面倒もみれば、避妊手術もしてやっている。こういうのが、あるいは猫との理想的なつきあい方ではないかと思えるほどだ。人は人、猫は猫、猫に部屋の中をよごされることもない。互いの自由を侵害されることもない。そうして、一日に一度、ささやかな楽しみを互いに分けあうわけである。一対一でなく、一対三の関係、あるいは一対五の関係も成り立つだろう。

ところで、大使館前の広場をはさんだ隣の八階建てマンションに、無類の猫好きの男性が住んでいた。広場に面した細長い駐車場に車をおき、そこでよく猫たちを相手にしていた。ジャックさんといい、フランス系二世で、日本人の奥さんと二人暮らしということだった。年齢は五十歳を少し過ぎていただろうか。猫のことがきっかけで話をする

ようになったとき、

「ぼくの職業はねえ、これなんですよ」

彼は、長い指でピアノを弾く動きを示しながら、おだやかな笑顔を見せた。

「ピアノ弾き。六本木のレストランでね」

ジャックさんは、仕事の帰り、レストランの余りもののご馳走を車に積みこんで、道々、猫たちに配りながら帰宅する。道順の最後は、自分の住むマンションの駐車場である。彼の帰りを待ちわびて迎えに出ている、まだほんの子猫の灰色猫〝リリ〟の姿を、私はよく見かけた。くびを長くして——という形容は、こんなときの猫の姿から生まれた言葉ではないかと思えるほど、リリはきちんと坐ったまま、前方にくびを長くのばして、ひたすら待ちつづけている。そうして、ジャックさんの車が徐行運転で現われると、もう、狂わんばかり、喜びの声をあげて、踊りながら周囲を走りまわる。

ジャックさんには、ほかにも、特別目をかけている牡の茶トラがいて、生まれつきヘルニアだったのを治療してやったということだった。トラは、かわいがられている猫特有の、おっとりした顔つきで、いかにも幸せそうだった。

ジャックさんは、長身のからだを折りまげるようにして、車の下にご馳走をならべてやる。猫にとって、車の下は、落ちつける安全地帯なのである。人目に立たないよう、車の中を猫食堂にしていた時期もあった。後席の両側のドアを開け放しにしておくなど、さすが、用心深い猫の性質をよく知っている。猫によっては、おとなしく食堂で食べたりせずに、ご馳走をくわえて車からとびだしていくものもあった。

彼の食堂で世話になっている猫のなかには、私の昔からの顔なじみのチビやミイコもいた。たまたま猫たちの食事どきに通りかかると、顔なじみは、ジャックさんの手をはらいのけ、おおげさな喜びの声をあげながら、こちらへ走ってくる。私へ義理だてしているようなのがおかしかった。

「すみません」と、私もつい頭をさげる。こんなことから、ジャックさんと私は、自然に言葉を交わすようになったのだった。

「ぼくは猫キチでね。うちでも五匹、飼っているんですよ」

彼は明るい目をして、そういった。きけば、同じマンションに猫好きは何人かいて、それぞれに食べものをやり、避妊の手術などで猫を病院につれていくときには、もっぱらジャックさんの車を利用しているらしかった。

「子猫の貰い手探しもね。どこかないかって。でも、そうそうはね。それに……」

いいながら、ジャックさんは顔をあげて、ちょっと遠くを見るような目をした。

「ぼく自身だって、いつまでこの子たちの面倒をみてやれるかわからない……」

どういう意味なのかと思いながら、私は黙っていた。転勤、引っ越し、病気……、猫たちの世話ができなくなる理由はいろいろある。明日のことは誰にもわからない。しかも、まるで言い当てたかのように、ジャックさんのその日は突然、思いがけない早さで訪れてしまった。

六月も終わりのその日——、仕事場の私が新聞をとりに出てみると、ドアの前に、ジャックさんのトラがいた。何となく寂しそうな様子なのが気になった。

「どうしたの？　あなたのおうちはここではないでしょ」と、私はいった。多少そっけなくしたのは、このときコロの二度目のお産のあとで、とてもトラのことどころではなかったからだ。二月生まれのハリーが、まだ完全に乳離れできていないというのに、六月半ばにまた五匹が生まれ、里親探しに頭が痛い最中だった。

だが、それにしても、トラの様子は変だった。ただぼんやりと、そこに立ったままなのだ。

「そうか。ご主人が旅行か何かで留守なのね」

お腹がすいているのかと思い、食べものをやってみたが、ぜんぜん関心を示さなかった。

トラは翌朝もやってきた。またその翌朝も——。三日ほど、そうして来ていて、ふいと来なくなった。このときから、トラは完全に姿を消した。車の屋根の上でひなたぼっこを楽しむ姿も、もう見られなくなった。

ジャックさんの事故死のことを知ったのは、それから十日あまり経ってからだった。

夕方の買物に出かける私を近所の主婦が呼びとめて、そのことを告げた。

「猫が原因なんですってよ」

相手はあたりをはばかるように見まわすと、ふいに私の手を引っ張った。そのまま、近くの醸造会社の裏門の中に、私を引き入れた。

目の前に、ざらざらのコンクリートの、狭くて急な階段が、まるで洞穴のような口を開けていた。覗きこむと、まるで吸いこまれそうだった。「危険物地下タンク貯蔵所」の古びた札が、傍らの壁にかかっている。三階建てのビルの地下がその貯蔵所で、中に通じるドアはあるものの、階段はめったに使われていないらしい。見るからに陰気な場所だ。それだけ人目にもつきにくい。

「ここで、猫たちに餌をやっていたんですって。それで足を踏みすべらして、下まで落ちたんだそうよ。頭を打つとか、よっぽど打ちどころが悪かったんでしょう。ほとんど即死の状態だったたっていうから」

人目につかないところで猫たちに食べものを与えようと、ジャックさんはついにこんなところまで来てしまったのだろう。数匹の猫がのどを鳴らし、ジャックさんの足にまつわりつく様が目に見えるような気がした。明るい昼間でさえ、これをやられると、けつまずくことがよくある。地下につづく階段わきの常夜灯は、だいぶ前から電球が切れたままだったといい、しかも六月二十日のその夜は雨まで降っていたのだった。

〈こんな雨の日なのに、来てくれた！〉

猫たちは喜びのあまり、我を忘れて、とびついていったのだろうか。

ジャックさんの事故は他人事ではない気がした。——というのも、猫と友だちになり、その楽しさを知った人間は、つい、自分のことを忘れてしまうからである。

まがりくねった別所坂は、猫と私の散歩道だ。この坂があまりに急で、事故が絶えないものだから、区役所では、片側に鉄パイプの手摺りをとりつけた。下を歩く猫たちにとっては、それはずっと高い位置にある。猫と一緒にいると、つい、その位置関係を忘れてしまう。

猫たちは、コンクリート塀にある鉄砲水の排水孔に前足をつっこんでみたり、道端の草をむしゃむしゃやったりしながら私の散歩についてくる。

あるとき、坂にかがみこんで、猫をかまっていて、不意に猫が走りだしたものだから、こちらもつられて勢いよく立ち上がり、鉄パイプに頭を打ちつけたことがあった。ガーンと金属音が響き、私はよろけながら、一瞬ぼんやりした。振動音が、下の方まで伝わっていくのがきこえた。

ジャックさんが亡くなってから、マンションの駐車場に集まる猫の数は、目に見えて少なくなった。しかし、彼がかわいがっていたトラを除いて、地元の猫たちは、相変わらずこの周辺で暮らしていた。ジャックさんと猫友だちだった女の人たちも、何人かが交替で、彼の遺志を受けついでいるようだった。

それにしても、いったい、猫のどこがそんなに私たちを魅了し、互いの関係を深入りさせてしまうのだろう。その答は幾つもある。最初は単純に、一つか二つの答。やがて、際限がなくなっていく。

## 猫は自分のしたいことをする

猫は誇り高い動物だ。猫自身の失敗やみじめなところは人に見せたがらない。猫同士のあいだでより、むしろ、日ごろ親しい人間に対してそうなのは不思議な気がする。

魚の骨が口中にささって、なかなかとれないようなとき、コロは明らかに私の目を気にして背を向けたし、ほかに、ジャンプをしそこなったりしたときなども——。そんなとき、私はせいぜい気がつかなかったふりをして、相手を傷つけないようにふるまった。逆に、猫がやってはいけないことを止めないとき、叱るかわりに軽蔑してみせると、これがなかなか効き目があった。

猫は、人から注目されることが大好きな動物だ（もちろん、それは危険の伴わない場合に限る)。

猫は、意外なほどカメラを警戒しない。その結果、街には、かわいい子猫、魅力的な猫の写真が氾濫する。いわゆる猫好きと呼ばれる人々は、猫がただかわいいだけのペットだと、誤解してしまう。

しかし、猫は単にかわいいだけの動物ではない。

「たまたま同じ家に住むことになった、私とほとんど同等の資格をもつ独立の存在」と、動物行動学の世界的権威であるコンラート・ローレンツ博士はいう。「毛皮の下には、上の色が何色だろうと、まったく手つかずの、この世でいちばん自由な魂が息づいているのだ」と、『ぬけめのない猫とくらすには』(晶文社刊)の著者、エリック・ガーニイもいう。

猫は、いつだって、自分のしたいことをする。自分が気に入っている人間が喜ぶのを見るのは楽しい。それで、人を喜ばせることもしてくれる。

コロは私と一緒の散歩を楽しみにしているけれど、それ以上に、そのことを私が楽しみにしているのを知っているのだ。

猫は、特定の人間と同じ楽しみを分かちあうことに、心からの喜びを示す。これは、猫とつきあったことのある人なら誰もが経験していることだと思う。

いつだったか、飼い主と卓球で遊ぶ猫の姿が、テレビのビデオ番組で紹介されたことがあった。アメリカの話である。猫はラケットを持つことはできないから、前足の片方を高くあげて、掌《てのひら》でピンポン球をうち返す。球が向かってくる瞬間、後足《あとあし》で立ってとび上がる。そのタイミングはなかなかのもので、私も猫たちを相手に卓球をしてみたくなった。

猫が賢い動物で、運動能力も抜群に優れているところから、サーカスの芸をしこんでお客に観せたら――と思う人も、昔からいたようだ。デュ・ボア氏は、猫を訓練して一枚の細い板を渡らせたり、缶を前足でころがしていかせたりすることができた――と、『ネコ』（木村喜久彌著、法政大学出版局刊）に紹介されている。写真の七匹の猫たちは、一匹ずつ台の上にかしこまって、デュ・ボア氏の方を注意深くみつめ、指示を待つ姿勢でいる。

しかし、観客の前となると、なかなかこうはいかないらしく、サーカスの歴史のなかでも、これまで猫はぜんぜん登場しなかった。おなじネコ科のライオンたちは出演するというのに――。

ところが、最近観たソ連の〝ボリショイ舞台サーカス〟では、猫の曲芸が登場した。

空中でブランコをこぐ美女が、こぎながら宙返りをすると、それに合わせて、猫も、美女のお腹の上を伝い歩きながら一緒に宙返りをする。また、そこから、下にいる人の捧げ持つクッションにとびおりたり、人から人へとび移ったりの芸をする。これはいつも猫がしている遊びで、別段、曲芸というほどのものではなかった。ただ、舞台の上で、一定時間、猫がそういう遊びをしたくなるようにしむけるのは、並みたいていのことではないだろう。なにしろ、猫は、なかなかの気むずかし屋なのだ。何かをさせようとすると、いうことをきいてくれなくなる。

これもまた、アメリカのビデオで、サッカーの練習場の中央に、一匹の猫が坐っているところが映った。選手の一人が、練習の邪魔になるので、猫を抱きあげて場外に移そうとする。そのあいだ中、猫はいやがって暴れていたが、地面におろされた途端、走りだして、再び練習場の真ん中に行って坐りこんだ。全く猫の面目躍如で、見ていて思わず笑ってしまった。猫は、抱きあげられたからそうしたので、けとばされたら、危険を感じて逃げだしたにちがいない。人の手で移動させられるなんて、猫は、そんな屈辱には耐えられないのだ。

家の中でも、同じようなことがよく起こる。居心地のいい場所、それも普段から、その猫の好む場所に、わざわざ抱きあげてつれていっても、そこにそのまま落ちつくようなことは、めったにない。すぐにとびだして、自分の選んだ別の場所に行ってしまう。

うちのゲンキなど、膝の上にのりたそうにしているので、抱きあげてのせてやると、いったんおりてから、わざわざのぼりなおしてくる。

「ほら、ここに坐ったら?」

そういって、その場所を示してやるくらいがちょうどいいのである。

猫が、この人間のためなら、ひとつ協力してやってもいいな——と思うと、その人のために、できるだけのことをしてくれるようになる。——というわけで、猫の映画出演も可能になる。

私が科学映画のシナリオ・ライターだった当時、今から三十年ほども前になるが、『子猫の散歩』という映画の企画を桜映画社に提出したことがあった。町の清掃をテーマにした啓蒙映画である。

捨てられた子猫が町のあちこちをさまよい歩きながら、生ごみをあさって、逞しく生きていくといった筋書きで、結末は、猫が運よくやさしい老夫婦とめぐりあい、めでたくそこの飼い猫になるということになっていた。

観客に親しみやすく面白い映画になりそうだということで、プロデューサーは乗り気になった。この企画が通ったところから、主役の猫探しが始まった。

映画評論家のO氏は、この話をきくなり、そんな映画など撮れるわけがないといった。

「だいたい、猫くらい警戒心の強い生きものはいないよ。カメラを向けただけで、きっと逃げてしまう。その猫に芝居をさせようなんて」

「でも、うちにくるのらたち、カメラを向けても、意外と平気なんですよ」と、私はい

二階の物干し場から顔をのぞかせたのら

った。

「いや、映画撮影用のカメラとなると違う。盗み撮りならともかく、猫は警戒して、撮らせるもんか」

そんなことを本気で考えるなんて——と、笑いながら呆れた顔をされてしまった。

映画製作のほうは、『子猫の散歩』のスタッフも決まり、すでにシナリオの本読みの段階に入っていた。しかも、プロデューサーも演出家もカメラマンも、誰ひとりとして、この企画の実現を危ぶんでいない。私のほうがむしろ、責任上、心配になってきた。そこで、知っている猫を二、三、当たってみることにした。スタッフも手分けして、主役の猫を探すことになった。この企画のことが、朝日新聞の青鉛筆欄で紹介されると、東京はもちろん九州からも、主人公の猫を推薦する電話や手紙が殺到した。そうして、五百匹の猫候補のうち約二百匹に、監督やカメラマンが会うことになった。普通の俳優の面接と違って、監督さんが見知らぬ家を一軒一軒訪ねていくのだから大変だった。

さて、私の当ては、わが家を訪れるのらたちしかいない。のらの一匹に、遠慮深い牡のキジ猫がいた。おとなしい性格で、あれならきっと大丈夫だろうと思った。

その当時、私が住んでいたのは、昔風の長屋で、下二軒上二軒が一棟になった古い家だった。私は二階のほうに住んでいた。当のキジ猫は、階下の風呂場の屋根にいたのをみつけて、手なずけたものだった。

キジ猫は、ときどきわが家に遊びにくる。来るときは決まって、東の物干し場から顔をのぞかせた。雨の日など、窓が閉まっているときでも、ガラスをからだでこする音と黒い影で、すぐにわかる。部屋には入りたがらないが、カメラを向けても、ぜんぜん警戒しなかった。接写レンズでクローズ・アップで撮っても、おだやかな目でまっすぐこちらをみつめていてくれる。そうして、カメラうつりもなかなかいいのだ。

あの猫だったら、映画の撮影も、たぶんうまくいくだろう。

しかし、子猫というにはとても無理だし、果たして演出家が気に入るかどうかはわからない。出窓にいる猫を見ながら、私は頭の中であれこれ考えていた。

そのことを助監督に話すと、「一度、見にいきましょう」という。

短編映画『猫の散歩』
から（桜映画社提供）

ところが——である。それまで毎日来ていた猫が、翌日からふっつり来なくなってしまった。もともとあちこち放浪している猫なので、姿を見せなくなっても別に不思議はない。しかし、彼の映画出演のことを考えていた矢先だったので、こちらは、断られたような気がした。私の、調べるような目つきに、何か異変を察知したのかもしれなかった。

映画のほうはどうなったかというと、スタッフの一人が、すごい猫をみつけてきた。その猫は、シナリオに書いてあるくらいの芝居は何でもこなすという。カメラの前で、リハーサルにも応じてくれるし、むしろ、それを喜んでするようなところがある——と、評論家のO氏がきいたら、さぞ度胆を抜かれるだろう話であった。

「子猫でないのが惜しかったんですがね。題名のほうを『猫の散歩』に変えることにして……」

いったい、どんな猫だろう？　スタジオ撮影が行われるというその日、私は運よく現場に居合わせた。撮影中は、猫が興奮しないよう、限られたスタッフしか中に入れさせないという。

「間もなく終わって出てきますから」

スタジオの隣の小さなロビーで待っていると、ドアが開いて、猫が入ってきた。普通の、どこにでもいるような三毛で、細身の、しなやかな牝猫だった。

猫は、ふと立ちどまると、ソファにいる私を見て、とがめるような目つきをした。私があわててどくと、彼女はひらりとソファにとび移り、寝そべって、ゆうゆうと毛づくろいをはじめた。人間のスターなみの貫禄であった。

「そのソファが、いつも、これの居場所になってるもんですから」

助監督はそういって、日焼けした顔をほころばせた。

## 猫の不思議

猫と同じ家に暮らしていると、ときどき、飼い主は実は猫のほうで、こちらは猫の召使いにすぎないような、そんな気のしてくることがある。自己主張の強い猫に、つい負けてしまうのは、あまりにも彼らが、自分の気持を正直に表わすからで、これは、人間同士のあいだではなかなかないことだなどと、妙なところで感心してしまう。

いろいろな猫とつきあってみて、猫とは、こんなにも個性の強い、神経のこまやかな生きものだったのかと、改めて驚かされた。一般的なペットとずいぶん違う。率直な人間同士がつきあうように、正直につきあっていればいい。猫を〝ペット〟――、愛玩動物と呼ぶこと自体がおかしいので、大きさが小さいからといって、猫は、犬の場合とはまるで違う。犬のような飼い主への絶対服従は、猫の場合ありえない。

猫は、自己主張をしながらも、飼い主を気づかい、控え目なやさしさを見せてくれる。ハリーは、私が病気のとき、ベッドに入ってきて、自分のからだを私に押しつけ、あたためてくれながらじっとしていた。平生、ハリーは、同じベッドに入ることのない猫なのである。

また、コロは、私が近所の家に行くことをとても気にする。その家の中に入って、なかなか出てこないときは、ドアの外をうろうろしながら、ひっきりなしに鳴いて呼ぶ。解釈はいろいろできるけれど、彼女が私のことを気づかっていることだけは確かだ。

猫たちと暮らしていると、人間の暮らしは一方で制約を余儀なくされながらも、一方では自然と心が豊かになる。

猫の姿態の優美さ、敏捷さも、見ていて飽きない。猫が丹念に身づくろいをしている姿を見ていると、バレリーナのように、からだの線が美しく変化する。犬のようにコツしないのは、猫の脊椎の関節が、曲げたりねじったりの運動に向くようにできているからで、猫の内臓は、からだの中でかなり自由に位置が変わる。このため、からだの動きが内臓をいためないようになっている。また、そんな自由さからくるしなやかさは、絵の猫に着物を着せても、無理なく見られることになり、昔、日本では、江戸千代紙として「猫絵」が流行した。

猫絵というのは、絵師を志す者の稽古として描かれたものだそうで、いわば猫を擬人

江戸千代紙の猫絵

化した風俗画である。銭湯・花見・嫁入り・芝居・曲芸・稽古通いなど、いろいろある。猫で練習をつんでから、人の形を描いたのだそうだ。千代紙の猫絵だけでなく、歌川国芳が、山東京山作『おぼろ月猫の草紙』の挿絵で、このような猫を描いている。国芳は、「五、六匹の猫を飼い、絵筆をとる時は猫を懐にしていた」ほどの猫好きだったと、『猫と日本人』〈猫の文化史・習俗双書第十一集〉（永野忠一著、習俗同攻会刊）にある。

昔から、猫はよく絵のモデルに使われてきた。不思議な雰囲気を画面に与えて、効果をだすからで、猫を描いた名画は数多い。

猫の目は葡萄のマスカットのようで、よく見ると、実に微妙な色の組合せで、それが猫によっても異なっている。黒猫は、目を開くと、そこだけぽっかりと夜の湖のように光る。

暗闇で、瞳孔がいっぱいに開いた猫の目を覗きこむと、キラキラと宝石のような輝きを放っ

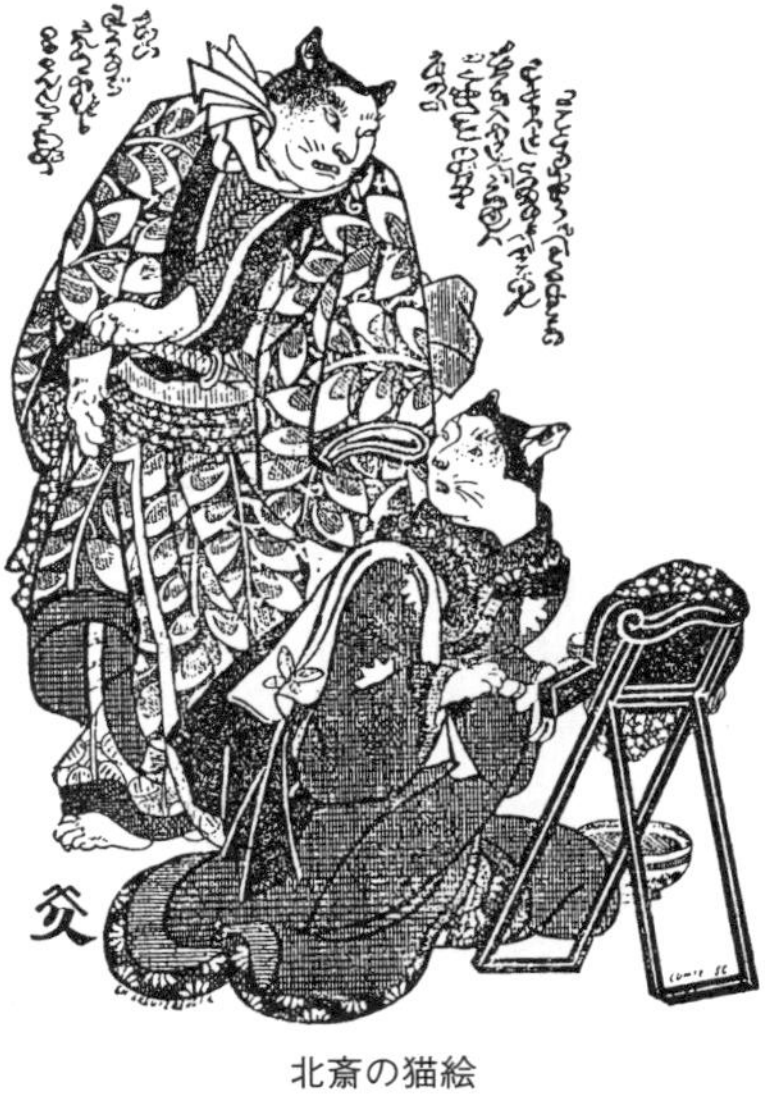

北斎の猫絵

ている。これは、網膜の組織が鏡のように反射するからで、猫の網膜はわずかな光で、闇の中のものを鮮明に見分ける力がある。

猫は夜行性で、昼間は眠ってばかりいる。実際、猫と暮らしてみて、こんなにもよく眠るものとは知らなかった。

もっぱら家の中だけで生活する、うちのゲンキの場合、一日のうち、はっきり目覚めて活発なのは午前四時半から八時ごろまでと、午後の九時台で、昼間、特に午前中は眠りこけている。

猫は一日の三分の二は眠っているといわれるが、それは本当だった。子どものいる家で猫が育ちにくいといわれるのは、昼間、猫を抱いたりして、ゆっくり眠らせてやらないからである。

夜、猫は目の輝きが増し、一定の時間がくると興奮が高まって、風呂場の窓から外へ、とびだしていってしまう。あれはたぶん、猫の集会に出席するためだろう。末っ子のゲンキは、外で母猫が呼んだときだけとびだしていく。カオカオカオという母猫の独特の呼び声は、ヤモリか何か、獲物をつかまえた知らせなのだ。

そんな猫たちは、夜の電話が大嫌いだ。だいたい、猫は、発情期を除いて、夜はめったに声をたてない。夜は闇にまぎれて、静かに目立たないようにしていたいらしい。おそらくは、獲物を狩る習性と結びついたものだろう。

それなのに、電話のベルが鳴ると、私がひとりで喋りだす。おまけに夜はついつい長電話になる。そのことが猫たちには気に入らない。自分たちを無視されるのが二重にしゃくにさわるというわけで、それぞれが私の注意をひくために、いろいろなことをしてみせる。こんなときに限って、コロは外に出たいと、ドアの前で人を呼びたてる。ポーとゲンキは、声もたてずに私の頭をとびこして、かけっこを始めるし、ハリーは電話器のボタンの上を歩いて、留守番電話にしてしまう。

たまたまほかの猫たちが外出中で、ゲンキだけのとき、ゲンキは、もっと手のこんだやり方で電話中の私を困らせる。日ごろ禁止されているのに、食卓の上にのってみたり、立ちあがってしきり戸で爪をといでみたり……。ちゃんと、こちらを横目で見ながら、そんなことをする。それでも効き目がないとみると、今度はあおむけになって、かわいい恰好をして、のどをごろごろ鳴らすのだ。

風呂場の窓から外の様子をうかがうハリー

人間と同じ家に住みながら、猫は謎の部分をたくさんもっている。そうした猫の、人には判らない行動が、怪猫の話を生み、魔女の使いの話に結びついていった。猫股《ねこまた》という尾がふた股の強暴な大猫も、想像の世界でつくりあげられていく。猫は妖怪視されて恐れられ、日本ではお家騒動で化け猫が大活躍することになった。

昔話で、猫は狼よりも強い生きものとして登場するが、昔の人々は、そんな猫の力にあやかりたいと思ったのだろう。明治十七年から二十四年ごろ、力士の醜名《しこな》で、黒猫白吉（三段目）とか、まねき猫乙三郎（三段目）、白猫正太郎（幕下）、猫又三吉（大関）といった、猫をよみこんだものが流行する。

猫が災いを呼ぶのでなく、〝福を呼ぶ〟〝客を呼ぶ〟という意味で、昔からあるのが、招き猫の置物である。昔は、商店の店先によく飾られていた。猫が、耳の上まで前足をあげて顔を洗う動作を、招く形に見立てたのである。

東京の世田谷区にある豪徳寺は、別の名を猫寺ともいい、寺の境内の一隅に、「招福猫児《まねぎねこ》供養」と刻まれた小さな供養塔が建っている。この寺は、幕末の大老、井伊《いい》掃部頭直弼《かもんのかみなおすけ》公の墓所として名高い。もとは世田谷城主、吉良政忠が伯母の追善のために創建したもので、弘徳院と称する貧しい寺だった。それが井伊家の菩提寺となったのは、寺で飼われていた一匹の白猫〝たま〟のおかげだという。

江州彦根の城主、井伊掃部頭直孝が、鷹狩りの帰り、寺の門前を通りかかった際、たまが招くようなしぐさをしたので、休息に入り、それが縁となったそうで、豪徳寺の供

豪徳寺（猫寺）の招き猫

養塔には、参詣者の奉納した招福猫児が、大小とりまぜ、たくさん並んでいて壮観だ。

猫が、飼い主の引っ越しのときいなくなったと思ったら、遠路はるばる追ってきたり、そうかと思うと、かわいがっていた猫が、ある日突然家を出て帰らなくなる話をよくきく。それで、家出猫を探しに行く昔話は、日本各地に伝えられている。

家出猫が集まり住む別世界は、「猫山」とか「猫島」と呼ばれ、人間が立ち入れない秘密の場所ということになっていて、日本各地に、地名として残っている。たとえば、茨城県の猫島、福島県の猫魔嶽、富山県の猫股山、山口県の猫山、熊本県の猫嶽等々である。

猫山に飼い猫が行くことは、猫の修行の一つだともいわれている。

猫がひとり旅に出る決心をするきっかけの一つは、牝猫の求愛の呼びかけである。また、自分をとりまく環境が好ましくなくなると、やはり、放浪の旅に出かけていく。

うちのハリーも、二年目の誕生日を迎えるころから、たびたび家出をするようになった。これは、のらトラのボスにいじめられての、恐怖のあまりの家出であった。トラがわが家のまわりを見張っているので、ハリーは帰るに帰れない。四日も外泊したのちに、隙をみつけて、やっとの思いで帰ってくる。帰ってきても、家の中にかくれているようなことはなくて、また、うなり声をあげながら、外へとびだしていってしまう。ハリーが落ちつくまでにはずいぶんかかった。

ともかく、猫の社会は大変なもので、いろいろな猫どもが、甘やかされの世間知らずを鍛えてくれる。それに負けているような猫では駄目なのだ。

猫は、人間と密接にかかわりながら、しかも、ちゃんと自分たちの社会をつくっている。そんなところが、私には不思議であり、魅力でもある。

第二章

# 思い出の中の猫

# 小学生のころ

猫と私のつきあいも、ずいぶん古い。そうして、最も遠い記憶の底から浮かびあがってくるのは、一枚の猫の絵である。

それは、三匹の子猫がゴムまりにたわむれている絵で、縦三十センチ横四十センチほどの厚紙に印刷してあった。つい先ごろ、家の中の整理をしていたら、五十年前のその絵が押入れの隅から出てきた。格別名画の複製というわけでもないのに、わが家では、この絵を金縁のデコレーションの額に入れて、居間に飾っていた。ちょうど蒲田《かまた》の新しい家に移ってきたばかりで、私は小学校の一年生だった。その絵は、おそらく、父が、縁日か何かで買い求めてきたものだったろう。猫の絵を見あげ、私はいつも幸せな気持になった。

ところが、本物の猫の最初の記憶は、かわいいどころか、口もとに獲物の血を滴らせた恐ろしい姿なのだ。

やはり、小学校一年生のころ——。のどかな日曜の朝だった。父が、縁日で買ってきたひよこを芝生の庭に放して運動させようとしていたとき、生垣の隙間から、一匹の猫が稲妻のように現われた。そして、次の瞬間、ひよこの姿は影も形もなくなっていた。

昔の縁日で売っていた猫の絵

あんなにも幸せそうに、小さな翼をあおぐようにして、ピヨピヨ鳴いていたひよこたちは、あっという間に消えてしまった。私たちが、目の前で起こった出来事に、声もだせず、呆然としているあいだに、猫はゆうゆうとその場を立ち去った。

猫が、私たちの見ている前で食べたかどうかは記憶にないが、ひよこの黄色と赤い血の色が鮮烈な印象で、私の目に焼きついた。この事件がきっかけで、私は卵が食べられなくなった。しかし、猫を恐れたり嫌いになったりすることがなかったのは、自分でも不思議である。目にもとまらない、まさに電光石火の早業が、事態を残酷に見せなかったのだろうか。

肉食動物の猫にとって、ひよこは獲物であり、美味な食べものにちがいない。その事実を、子どもながら受け入れてしまったようなところがあった。

子どものころの思い出の猫には、父が結核で入院していたときの療養所、南湖院の猫たちがいる。療養所の広い敷地のどこかで生まれた子猫を、母猫ともども籠に入れて、看護婦が、病室前の廊下に置いてやっていた。動物好きの父は、ベッドから猫を眺め、目を細めていた。

子猫はじゃれあい、松林の中を走りまわっては、籠の中に戻ってくる。誰がどのようにしてしつけたものか、病室前の廊下を走るところなど見たことはなかった。退院のときには子猫を貰って帰ろうと、父はいい、私はそれを楽しみにしていた。

「一匹でなくてもいいよ。二匹でもいい」

どれにするか決めておくようにいわれたが、どれも皆かわいくて、なかなか決まらなかった。しかし、間もなく、猫どころではなくなり、人の出入りが激しくなると、病室前の猫たちも、どこかへ運ばれていってしまった。

父が亡くなってからは、小さい家に引っ越したが、その近所にも猫たちはいた。向かいの家の武ちゃんという男の子が飼っていた三毛の子猫は、いつも目やにで、両目とも開かなくなっていた。毛並みもざらざらで、そのうえ、ヒゲは武ちゃんが鋏で切り揃えたりしたので、ますます、この猫は哀れにみすぼらしく見えた。

「かわいそうに。生きものをおもちゃにしたりして……」と、母は眉をひそめていた。

子猫のうち、あまりさわりすぎると育たないというが、武ちゃんの猫は間もなく死んでしまった。

ほかにも、近所で猫を三匹飼っている家があって、こちらは大人ばかりの三人家族だった。威勢のいいおばあさん一人が目立つ家で、若い夫婦は寡黙で、遠慮がちに見えた。この家で、おばあさんに劣らず元気のいいのが若い猫たちだった。猫たちはいつも、わがもの顔に廊下を走り、家の中をとびまわっていた。私が遊びに行くと、走り出てきて、歓迎のしるしにスカートにとびついたり、スリッパにかみついたりした。家の中で退屈していた猫にとって、恰好な気晴らしの相手が来たというわけだった。

私は小学校の三年生になっていたが、背も低く、小さかった。猫が後足《あとあし》で立ってのびあがると、すぐ目の前に猫の顔があり、親しみよりは、こわい気持のほうが先にたった。

この家の人は、いつものことなので、私をほうっておいてくれる。勝手知った応接間へ、ひとり廊下を歩いていくと、三匹は、長い尾をぴんと立ててついてくる。普通、猫がよくするように、からだをこすりつけてきたりはしない。それに、どういうわけか、ちっとも鳴かない猫たちだった。

応接間のドアをあける。——と、猫たちは私のそばをすりぬけて、たちまち姿を消してしまう。

ひんやりと薄暗い応接間の入り口に立って、私は部屋の中をそっと見まわす。出窓のふくらんだカーテンのかげがあやしい感じだ。そのとき、どっしりしたソファの、クッションのわきから覗いている猫の瞳に、はっとさせられる。相手は身をちぢめ前足の爪を現わし、今にも、とびかかりそうな構えを見せている。

——と、思いもかけないドアのかげから、一匹がとびだすと、私のからだをかけのぼり、肩をけって跳躍する。それがゲームの始まりだった。出窓にいた猫も、カーテンに爪をかけながらすべりおりて、とんでくる。

大変な騒ぎのあいだも猫たちは、少しも声をたてなかった。私はこわくて、部屋から逃げだしたくなるのを、じっと我慢していた。部屋の外へ逃げだしたりすれば、猫はもっと本気になってとびかかってくるだろう。子どもの私は、家の人を騒ぎにまきこんで、猫たちとのゲームが終わりになるのを恐れた。

応接間のドアは、いつも半開きにしておいた。やがて、三匹が揃って部屋から出ていくと、今度は私のかくれる番になる。いつも三匹は一緒に行動するので、いつだって一対三であり、そのことを不公平だと思ったりした。「もういいよ」と、私がいう前に、猫たちは再び部屋に戻ってくる。そして、テーブルの下で息をひそめている私を、難なくみつけてしまう。

〈そうら、みつけたぞ！〉

猫たちは狂喜して、私にとびかかる。

同じ遊びは何度も繰り返され、猫たちが飽きると、ふいにそこで終わってしまう。こんなにして遊びながら、たいしたひっかき傷もこしらえなかったのは、子どもの私が決して猫たちに手出しをしなかったせいだろう。いや、猫をよく知った今の目で見ると、案外、猫たちのほうで、私を気づかってくれたのではないかという気もする。

## 教授の家の猫

はじめて猫を飼ったのは、私が二十七歳のときだった。

当時、私はフリーの科学映画のシナリオ・ライターで、忙しいうえに、時間的にもかなり不規則な生活を送っていた。取材旅行もしばしばだった。一人暮らしの借家住まいで、例の『猫の散歩』の映画のときの、長屋の二階にいた。

専門学校時代の恩師の石森教授がまだ健在で、ある日、うちで子猫が産まれたから見にこないかという葉書をもらった。

教授の家では、前から一匹の三毛猫を飼っていて、それがたびたび子を産んでいた。年中子猫がいるという感じで賑やかだった。

表玄関から内玄関を経て台所につづく長い廊下を、猫たちはいつも競走で走っていた。そのたびに、まるで雷のような音が廊下中に響く。うっかりすると、踏みつけてしまいそうだった。

子猫は少し大きくなると、どれも、どこかへ貰われていった。教授の交際範囲が広いこともあって、貰い手はすぐみつかるらしい。あるいは、〝教授の家の猫〟というだけで、特別な猫に見えるのかもしれなかった。しかし、ときには、助手の小柳さんが、自転車の荷台に箱ごとのせて、遠くへ捨てにいくこともあった。

石森先生から、猫を飼わないかと話があったとき、私はなかなか決心がつかなかった。

「猫はかわいいよ。ご主人の帰りを待っていて、迎えにとびだしてくるよ」

「でも、昼間は仕事で外に出ていることが多いですし、旅行で、二、三日留守になることもありますし……」

飼えない理由をあれこれ、私はならべたてる。ただでさえ忙しい生活なのに、このうえ、猫が来たら、いったいどうなるのだろう。

「猫は利口だからね。飼おうと思えば、どんなふうにでも飼えるもんだよ。猫のほうで、ご主人のライフ・スタイルにあわせてくれるよ」

「旅行のとき、誰か預かってくれる人がいるといいんですが……」

「それは駄目だ」と、教授は即座にくびを横に振った。

「こっちはよくても、猫が承知しないよ」

人間の都合でたびたび居場所を変えることは、猫にとっては禁物なのだ——という。

今では犬猫ホテルがあって、留守のあいだ預かってくれる。それだって、結局は、狭い檻に閉じこめられるわけで、特に猫の場合、ストレスが大きくて、三日が限界だという人もいる。

旅行で家をあけるときは、猫の縄張りであるその場所へ、猫も顔見知りの人に来てもらい、世話をしてもらう以外になさそうだ。

「いや、そんなに心配しなくても、猫だって留守番くらいするさ」と、石森先生はうけあう。

「三日ぐらいは平気だよ」

外に出られるところを一か所つくってやって、ニボシか何か、日もちのいいものを置いておけばいい。それだったら、わが家の二階の肘掛け窓はちょうどよかった。

「もっとも、泥棒が入ってきても、かみついてくれるかどうかはわからないけどね。まあ、ひっかくくらいはするだろう」

こうして、話はひとりでに、私が猫を飼うほうへ傾いていったのだった。

どの猫にするか選ぶ段になって、オレンジ色のトラに決めた。一匹ずつとりあげたとき、ほかの子猫はミイミイ鳴くのに、この牡トラは、そっけないくらい黙っていて、私はそれが気に入った。よく鳴く猫は、共同住宅の場合、禁物だった。

「トラ猫にするの？」

先生の奥さんはくびをかしげた。トラも小さいうちはかわいいけれど、大きくなるとつまらなくなるというのが、奥さんの意見だった。三毛の牡が一匹いて、そのほうが、ずっと価値があるという。

「昔から、船のおまもりに、三毛の牡をのせるというくらいでね。この猫は縁起がいいんだ」と、先生も口を添えた。

そうこうするうちに、猫同士寂しくなくていいから、二匹にしたら——といわれ、結局、トラと三毛と、二匹を貰うことになった。なきむしの三毛も、トラと一緒なら鳴かなくなるかもしれない——と、私は思った。

ところが——である。わが家につれてきた途端、鳴かないトラとなきむしの三毛はあべこべになった。トラはバスケットの中からまっすぐ私を見て、のびあがりながら鳴いているのに、三毛は知らん顔をしている。しかし、トラのほうは、新しい環境にいち早く順応しようとする様子が見え、三毛は見知らぬ場所につれてこられて、不安でたまらないらしかった。

次の日、私は三毛の牡を先生のところへ返しにいった。

トラと一対一の生活が始まってみると、思いがけないことがいろいろあった。第一に、子猫がこんなにも人間を慕うのかという驚き。母猫からひき離され、たったひとり、知らない環境につれてこられたのだから、無理もない。

トラは、私の注意を常に自分にひきつけておきたがった。広くもない家の中を、ちょっと隣の部屋へ行くだけでも、鳴きながらついてくる。うっかり、境の襖を閉めようものなら、小さな前足でひっかいて、死にそうな声をあげる。思わず抱きあげると、のどをふるふるさせて、顔をすりつけてくる。猫の顎や額、尾には、においの分泌腺が集中していて、それをこすりつけることで、親しい人間にしるしをつけているのだ。

ふわふわな毛からは、赤ちゃん猫独特の、あまいようなにおいがして、私も快い幸せな気分になる。こんな調子で一日中一緒に暮らしていたら、どんなあまえんぼうに成長させてしまうかわからなかった。

しかし、私には仕事があった。シナリオの締切り期限は、絶対に日延べを許されないものだったし、スタッフ会議もあり、いつ呼びだしがかかるかわからない。

猫用のトイレの砂場は、二階の廊下の隅に置いてあった。急な階段を、子猫はまだ、ひとりで降りていかれない。出がけに、玄関をあけながら振り返ると、ギャーギャー鳴きながら、下を覗きこむようにしている。今にも墜落しそうだ。私はふりきるようにして外に出なくてはならなかった。

しかし、トラのことが気になってしかたがないのは短い時間で、一歩一歩、家から遠ざかるにつれ、私の心はトラから離れていく。これから会う人のことや仕事上のことで、

トラ

頭の中はいっぱいになり、階段のてっぺんで鳴いていたトラの姿は、だんだん薄れていって、やがて消えてしまう。そうした切りかえのよさは、一つには私の若さのせいもあっただろう。

一方、留守番役のトラのほうは――、私の姿が見えなくなった瞬間から、ひとりぼっちの、閉じこめられた、長い時間が始まる。どんなに耐えがたく長い時間だろうと思うけれど、しかし、眠ってしまえば、案外どうということもなかったかもしれない。なにしろ、猫は一日のほとんどを眠って過ごす動物だから。

トラの姿が、私の目に再びこく見えてくるのは、家に帰ってくるときだった。玄関をあけると、トラは精いっぱいの声で鳴いて迎えてくれた。階段の上から、前のめりに下を覗きこみ、あぶなく頭から落ちそうになりながら——。

こんなにして帰りを待っていてくれる者がいる。そう思うと、私の世界はにわかに縮まりだし、トラとふたりきりの幸せに心が和んだ。一つの巣を分けあう喜びを、私は猫から与えられたというわけだった。

## 猫は猫、人は人

トラと私の生活は、猫は猫、人は人でいながら、まったくうまくいっていた。大きくなった牡猫は、場所が変わると元の家に戻っていくというが、小さいうちは新しい環境にたちまち順応する。トラは、まるでそこが生まれた家のように、のびのびとふるまった。

家で机に向かっているとき、トラはいつも、私の膝の上にいた。トラ用のベッドは、果物籠にタオルを敷いてやっていたが、そこに入れても、すぐ籠から出てきてしまう。膝の上はあたたかだし、安心だし、いちばん居心地がいいにちがいない。

だいたい、猫は、自分の寝場所を好きに選ぶ。寝場所は一定していなくて、夏と冬、また一日のうちでも、そのときどきで、最も快適な場所をみつけて移動する。自分で移動できない赤ちゃん猫の場合は、母猫がくわえて移動させてやっている。

暗い廊下の隅にしつらえた猫用ベッドなど、トラが見向きもしなかったのも無理はない。

トラが私の膝の上にいるあいだ、こちらは相手が目をさまさないように気を遣う。足がしびれてきても我慢する。猫が眠っているところはまったく無防備で、あおむけになったまま、前足を軽く折りまげていたり、自分の頭を抱えこんでいたり、さまざまな恰好になる。

安心しきっている、その気持よさそうな寝姿を見ていると、こっちの足がしびれたくらいは我慢してやらなくては——という気になってしまう。

トラは目をさますと、私が仕事をしている机の上に這いあがり、書きかけの原稿用紙の上に坐りこむ。そうして、万年筆のキャップを、片手でころがしてみたりする。

「さあさあ、そこ、どいて」

膝の上にひき戻すと、今度はのびあがって、動く万年筆にじゃれかかる。

畳に新聞をひろげて読もうとすれば、また、やってきて、その上に坐りこんで邪魔をする。のちに一緒に暮らすようになった猫たちの、どれもが、これとまったく同じことをした。

わが家のトラは、あまえたい盛り、遊びたい盛りだった。トラを叱って新聞の上からどかすと、少し離れたところから新聞にねらいをつける。目下の敵はあの新聞だぞ――と思うらしい。トラは平たくなって這いつくばり、おしりを左右にゆする。――と思うと、いきなりぱっと走ってきて、新聞にとびかかる。爪でがりがりひっかく。うっかり手を出そうものなら、鋭い爪で、新聞と一緒にひっかかれた。

机に向かっている私のまわりには、書きそこないの原稿用紙が散らばっている。まるめて捨てると、早速、トラのいいおもちゃになった。少し離れたところで遊んでもらおうと、隣の部屋にほうってやれば、トラは、はじけたようにとびあがり、走って追いかけていく。――と、紙屑をくわえて、またかけもどってくる。

「おどろいた！　犬みたい」

子猫がこんなことをするなんて、思いもよらなかった。

トラは、隣の部屋を見、また、私の顔を見る。〈もう一回やってよ〉という合図か、前足を忙しく踏みかえる。ほうってやると、トラはまた追いかけていく。紙屑を獲物に見たてて、爪にかけて投げとばしたり、口にくわえて振りまわしたりする。紙屑がほどけてひろがると、途端に興味を失うのが、見ていてわかった。

もう、仕事どころではなくなって、私は何度も、まるめた紙屑をほうってやる。いつか、訓練のつもりになっていた。

しかし、トラは、いったん飽きてしまうと、いくらこちらが「やれ」といっても駄目だった。声を励まし指さしても、「何のことかさっぱりわからないよ」といった表情で、私の指をじっとみつめている。彼の興味の対象は、私の指に移ったのだ。そのことに気づかないで、不用意に手を振りおろすと、指にとびつかれた。ピンのようなするどい牙をたてられて、私は思わず悲鳴をあげた。

夏が近づき、トラが階段の昇り降りに慣れるようになって間もなく、私はトイレの砂箱を外にもちだして、玄関前の花壇の隅へあけてしまった。家の中で一度も粗相をしなかったトラは、今度も、すぐに、その意味を悟ったようだった。花壇の隅にあけられた砂のにおいをかいで、トラはナットクした振りを見せた。

昼間、私が家にいるときは、いつも玄関の戸を細めにあけておくことにした。猫は、そこから自由に外に出ていける。トイレのついでに、ちょっとそこらを散歩して、また階段をのぼって帰ってくることができる。

「不用心じゃないの」と、訪ねてきた母は眉をひそめた。

「二階に一人でいて、もし、猫じゃなくて、変な人でも入ってきたらどうするの」

それで、一定以上は開かないよう、心張り棒をかうことにした。

ある日、トラは、突然、屋根伝いに、二階から帰ってきて、私を驚かせた。猫としては当たり前のことなのに、私は、人間と同じように猫が家の中の階段を使うことしか考えていなかったのである。

　トラは、家の前の桐の幹で爪をとぎ、ついでに颯爽と木にかけのぼる。そこまではいいのだが、降りるときはひと苦労だった。蝉のように木にはりついたまま、下を見て、まごまごしている。枝分かれしたところまで行って向きを変えようとすると、バランスを失って、危うく落ちそうになる。猫はからだがやわらかいし、身をひねってとべば、着地するくらい何でもなさそうなのに、直立した木の上でそれをするのは、ひどくこわいらしい。

　意外なのは、これが、一般的な猫の習性らしいということなのである。人間が猫を救助に行って、枝が折れ、怪我をした話もあるくらいだ。怪我をするのは人間のほうで、とっさに、猫は木からとび、無傷で着地する。

「トラ。思いきって、とびなさい。受けとめてあげる」

　私は両手をさしのべる。トラはしかし、それも危ながっているように見えた。もし、とんだときに、私の手がどうなるのか——、見当もつかないからだろう。

「いいわ。じゃ、待ってなさい」

　何か道具をとってこよう——と、振り向いた、その瞬間、やわらかな重みが私の背にはりついた。トラが木からとんだのだった。

　このあと、トラは、外出から帰ってくる私を、木の上で待つようになった。

通りから路地に入ってくる私をみつけると、トラは興奮して爪をとぐ、それから稲妻のように幹を走りおり、私の横から、するりと家の中に入っていく。トラは、階段を軽やかにかけ昇り、柱に、自分のからだをこすりつける。私にこすりつけるかわりに、そうするのだった。

また、台所で洗いものをしているとき、トラはいきなり、うしろから襲いかかるようにとびつく。背中におぶさる――というよりは、はりつくという感じになる。トラが大きくなってからは、これをやられると、重くてかなわなかった。それでも、なかなか振り落とすことができなかったのは、トラが日ごろ、むやみにあまえることのない猫だったからだ。おんぶが好きな猫になったのは、桐の木から私の背にとんだ、あのときの喜びが、忘れられなかったからかもしれない。

トラの行動範囲は、日に日にひろがっていった。それとともに、近所からの苦情も舞いこむようになった。壁隣の家では、そのころ、赤ちゃんが生まれたばかりだった。屋根伝いにやってきたトラを見て、あわてて追いはらおうとしたが、なかなか逃げださなかったそうで、これからは紐でつないで飼ってほしいというのだった。

私は試しに、長い紐でつないでみたが、これは一回で、だめなことがわかった。トラは紐にじゃれてみて、その紐の先が自分のくびにつながっていることを知ると、まるで気が狂ったようになった。

さて、トラへの苦情の二番目は、向かいの警察の寮から寄せられた。寮の賄いの小母《おば》さんが、「お宅の猫が、うちの鶏をねらって困る」というのである。

わが家の西の窓から、桐の葉の間越しに、寮の庭が見える。ときどき、非番の巡査がキャッチボールをしている。夕方近くなると、今度は寮の鶏たちが、餌をついばみながら庭を散歩するのである。

それとなく気をつけていたところ、小母さんのいった通りのことが起こった。のんびり散歩をしていた鶏たちが、突然、ココココといいながら頭をあげ、慌ただしく八方に散ったと思うと、そこへトラが現われた。

トラは耳を引き、平べったくなりながら、速あしで、一羽のあとを追いかける。その鼻先を、鶏は、ココココココ、精いっぱいのびあがりながら、羽をあおいで逃げていく。

「トラ」

思わず大声で呼ぶと、トラはびくっとしてこちらを見あげた。次の瞬間、トラは、風のように塀をかけのぼりかけおりて、姿が見えなくなったと思ったら、たちまち二階の屋根に姿を現わし、屋根から出窓に――、私のところに戻ってきた。

名前を呼べば戻ってくる。これは新しい発見だった。

# 留守番をしたトラ

トラと一緒に暮らしていたころといえば、なにしろ、カラー映画がまだ珍しい時代で、総天然色映画という呼び方で強調され、テレビも電気洗濯機も普及していなかった。電気掃除機の研究が進んで、その短編映画をつくろうという企画がでたくらいで、掃除機さえまだ珍しい時代だった。車も、まだまだ贅沢品だった。

そうして、猫は、今よりずっとのんびり暮らしていたような気がする。猫を〝ペット〟と呼ぶ習慣もなかった。現在、ペット・ショップで売られているような外来種の猫たちを目にする機会もほとんどなかった。

東京の住宅事情にしても、二階建てのアパートは珍しくないが、高層住宅は皆無といってよく、〝マンション〟の呼称すらなかった。そして、その分、まだ自然が残されていたし、人々の心にもゆとりがあった。

私が住んでいた古い家も、やがては家の前の桐の木、柿の木が、次々と大家の手で伐り倒されることになるのだけれど、ともかく、トラのいたころは、木も伐られずにそこにあった。

トラがどこへ行って何をしているかなど、私は考えてみたこともなかった。その点、今いる猫たちの場合とずいぶん違う。近所への気兼ねで神経がすりきれそうなマンション暮らしからは想像もつかないおおらかさ（？）だった。

ある日、私は、階下に住むおばあさんのところへ、揚げたてのコロッケを届けに行った。庭から縁側にまわってみて驚いた。トラがすまして、その家の座布団に坐っていたのである。知らない人が見たら、おばあさんの飼っている猫だと思ったことだろう。

「どうしたの？　トラ」

私は呆れて、そういった。

トラは立ちあがると、落ちつかない様子でうろうろした。どうもまずいところを見られたな——という顔だった。

「トラちゃん、ニボシかい？」

おばあさんはそういうと、台所へ立っていった。あとについて、トラも姿を消した。

「おばあさん、すみません。うちのトラに、帰るようにいってくださいな。かまわず、追いだしてください」

大きな声でいっていると、おばあさんだけ、にこにこしながら部屋に戻ってきた。

「いいんですよ。わたしも猫は嫌いじゃないから」

「トラ、どうしてます？」

「台所で、いま、ニボシを食べてますよ」

いくら呼んでも、トラは出てこようとしなかった。うっかり出ていったら、叱られると思っているのだろう。そうした感情の動きは、猫も人間もまったく変わらない。

（へんなトラ。うちではニボシをやっても、あまり喜ばないのに、よその家で貰って食べているなんて……）

私は呆れてしまった。

猫も、ときにはよそのレストランで、違ったものを食べてみたいと思うのだろうか。飼い猫が、自分の家に気のあった友だちをつれてきて、ご馳走を分けてやる話をきいたことがある。

トラが、わが家に、よその猫を招待したことは、一度だけあった。もっとも、積極的な招待だったかどうか、はっきりしない。

その当時、毎年夏になると、私はいつも、信州の野尻湖畔にある大伯父の別荘に行く習慣になっていた。滞在中の十日余りは、何もしないで、気ままにボートを漕いだり、涼しい木陰で本を読んだりして過ごす。こうした休息の何日間かは、日ごろ忙しい都会生活を送っている私にとって、心身の疲れを癒し、時の流れを静かにみつめる、何ものにも代えがたい時間だった。

しかし、トラがいては、十日も東京の家を留守にするわけにはいかない。その年は、二泊三日の、慌ただしい野尻湖行きとなった。それだって、私には不満でも何でもなかった。帰ってくるまで、トラが無事家で待っていてくれるかどうか。そのことのほうが重大事だった。これは、私が特別猫好きだからというわけではない。猫を飼っている人は、たいていが、そんな気持にさせられてしまうらしい。

しっかり留守番するように、私はよくよくトラにいいきかせた。留守中の飲み水は洗い桶に汲みため、いつも新しい水が補給されるよう、水道栓をゆるめにして、ポタリポタリ滴が落ちるようにした。食料は、腐りにくいベーコンや魚の干物、それにニボシを用意した。今ならば、キャット・フードの缶詰やドライ・フードなどがあるけれど、そうしたペット・フードは、まだ市販されていなかった。

出発の朝、いつもと違うことを感じとったのかどうか。トラはこっちを見ながら、木の幹をしきりにひっかいていた。

さて、三日間の旅行が終わって――。家に戻ってきた私は、路地の角をまがりながら、桐の木を見あげた。そこからトラが走りおりて迎えてくれたら、どんなに嬉しいだろうと思いながら。

トラは、木の上にはいなかった。玄関の戸をあけて、下から名を呼んだ。階段をとんとん走り降りてくることを期待しながら。

（なあんだ。うちにもいないのか）

私はがっかりしながら、階段を昇っていった。――と、台所から、トラが走りでてきた。

「トラ、只今」

手をさしのべると、トラは目をうろうろさせた。抱きあげようとするのをするりとぬけて、トラは落ちつかない様子で、また、台所に入っていってしまった。

置いていった食料は、ほとんど食べつくされていた。トラは、食器棚の前に立ったまま、落ちつかない様子で上を見あげ、私の方を振り向いては、またあわてて目をそらせる。

そのとき食器棚のガラス戸が、急にガタガタ音をたてた。見ると、いちばん上のすりガラスの戸が少しあいていて、そこに何かの影が映っていた。ネズミよりはもっとずっと大きな……。

大きな影は、ガラスにからだを押しつけ、窮屈そうに向きを変えると、ひょっこり、外に顔をだした。それは今まで見かけたこともない、太ったのら猫だった。白い毛はねずみ色に汚れ、まんまるい顔に金色の目が光っていた。相手は、じろりと私を見て、〝ふん〟という顔をした。それから、ひらりと、隣の棚にとび移った。

「こらっ」というと、のらは、すごみを利かせた目で、こっちをひとにらみした。シャーッという威嚇の声がほとばしり、口が耳もとまで裂けた恐ろしい顔になった。思わずたじろぐと、その隙に、のらは台所の窓の隙間から外へ——、たちまち姿を消してしまった。

「いまの、トラの友だちなの?」

トラはもう、私の顔をまともに見られないといったふうだった。のらのほうも、できれば、戸棚の中にかくれていたかっただろうと思う。にわかに笑いがこみあげてきた。この話はきっと、あとで、猫同士のあいだで話題になることだろう。そう思うと、なおのこと、おかしかった。私はそこにしゃがみこむと、

「トラ、只今」、もう一度、そういった。

「おるす番、ご苦労さま」

トラはやっと、ほっとした顔になって、のびをしながら、のどをふるふる鳴らした。

## いなくなったトラ

トラは、自分の要求を押しつけることのない猫だったし、私たちは互いにあっさりした関係でいられた。

猫好きの人は、よく、主人のベッドの中に猫がもぐりこんでくる話をする。猫はとても寒がりやで、そうするのが好きなのだという。そこで私も布団に入れて一緒に寝ようとしてみたが、トラは寒がりでなかったばかりか、そうすることをいやがった。むりに

布団に入れると、トラは、はじめ、息をひそめてじっとしている。こちらが眠ったふりをすると、裾の方からそうっとすりぬけて、出ていってしまう。

間もなく、部屋の隅で、くびのへんをかく気配がする。〈やれやれ〉という感じなのがおかしかった。

その年は、トラが来てはじめて一緒に過ごす冬だった。

窓の多い古い家は、風通しがよくて、夏は居心地がよいが、冬の夜は隙間風が身にしみる。そのころの私は、ストーブもなく、小さな火鉢と炭火のこたつが一つという生活だった。それでも、太陽のでている昼間は、東南側の三畳がサンルームのようになり、私はよく、肘掛け窓に布団を干した。

階下のおばあさんは、一階の屋根に梯子をかけ、布団をならべて干していた。私にもできそうにないことを、おばあさんがしていたのは、いま思っても不思議だ。そして、トラは、いつも気持よさそうに、どちらかの布団の上に寝そべっていた。日光のあたたかさを、毛のすみずみにまでためこんでいるようだった。

その日、仕事先から帰ってみると、トラの様子が変だった。見かけはひどく元気だった。いや、むしろ元気すぎるほどで、長いしっぽを振りあげ、いやに大またな歩き方で、廊下を往ったり来たりしていた。私を見ると、西側の六畳の部屋の前に立ちはだかって、入らせまいとする。妙なことをすると思ったが、私はさからわず、奥の三畳の部屋に行った。

台所で手を洗い、うがいをして戻ってみると、トラが部屋にあった新聞を口にくわえて、一所懸命ひきずっていくところだった。折りたたんだ新聞は、猫の口では扱いにくいらしく、くびを振ったり、前足をつかったり、いろいろしながら、六畳間の方へ運んでいく。

不思議に思いながら、あとからついていってみると、トラはどうにか新聞をひろげて畳に置いたところだった。トラは、まごまごした様子で、ぐるぐるまわりをし、新聞紙を両手でかわるがわるひっかく動作をした。明らかに、土の中に何かをかくす動作である。

私はトラを抱きあげると、爪跡のついた新聞を、いそいでめくってみた。そこには、トラが吐いたものがあった。トラは、それを新聞でかくそうとしていたのだ。きっと、外へ出ていく暇がなかったにちがいない。本能的にそんな動作をしたのか、私に叱られると思ってかくそうとしたのか、たぶん、あとの理由のほうが強いだろう。

「叱ったりなんかしないのに」

いいながら、私はトラを抱きしめてやった。

掃除のあいだ、トラは申しわけなさそうな顔つきで、じっとみつめていた。

この夜から、トラは元気がなくなった。外で、何かわるいものでも食べたのだろうか。

口からときどき、黄色い液をだしながら、うつらうつら眠ってばかりいた。ひげがなんとなくくしゃくしゃして、毛の艶も急にわるくなったように見えた。

トラは何も食べず、ぐったりして、ときどき黄色い液を吐いた。それでも三日も経つと、すっかり元通り元気になった。


生まれて一年目を過ぎるころから、トラは真夜中、外へ出たがるようになった。昼間、トラがぼんやりした表情で横坐りをしているとき、とがったペニスがのぞいていたりする。しかし、家の中での縄張り宣言、あのくさい尿スプレーのマーキングをしたことは一度もなかった。猫一匹と人間ひとりの生活のなかで、自分の縄張りはかたく守られていると思っていたのだろうか。

トラは真夜中、二階の窓を開けてくれと、寝ている私を起こしにくる。開けてやると、するりと外に出ていく。屋根にとびおりたらしく、カタリと瓦が鳴る。明け方になると、今度は、窓をカリカリする音で、目を覚まさせられた。鼻に、ひっかかれた傷をつけて帰ってきた。

ある朝、起きてみると、窓の障子が、いつもより明るくさっぱりしていた。起きてみると、雪が降っていた。

「トラ、雪よ」

私は窓をあけたまま、トラを呼んだ。トラは走ってくると、窓の敷居にとびのった。

「ね、雪よ。これが雪……」

トラは行儀よく坐ったまま、あおむいて空を見あげた。あとからあとから、白い羽毛のように舞いおりてくる雪を、トラは、まんまるい蜂蜜色の目で、じっとみつめていた。トラの、ピンク色をした鼻が、まわりの明るさのなかで、とても綺麗に見えた。

私はトラと、まだまだずっと一緒にいられると思っていた。それが私たちの自然な共同生活になりきっていたから。

トラはますます美しい牡猫になり、めったに鳴くこともなかった。のちのちつきあった猫たちにくらべても、まったく寡黙な猫だった。子猫のとき、あまえ癖をつけないために、鳴くたびに、「だめっ」といいながら頭をたたいた——、そのしつけの結果なのかもしれない。

その日、トラは、窓の敷居のところに、きちんとかしこまって坐っていた。日の光を背にあびて、そのふっくらとした冬毛は、まるで、金色に輝いて見えた。

だいぶくたびれてきていた首輪が、私はにわかに気になった。そして、ふと、とんでもない考えが頭にひらめいた。古い首輪のかわりに、赤い繻子《しゅす》のリボンを結んだら、どんなに綺麗だろう。

古い首輪をはずし、幅広のリボンにかえてやるまで、トラはおとなしく、されるままになっていた。蝶結びの赤いリボンは、トラに、とてもよく似あった。トラは二、三度、後足でくびのへんをかいてから、そのままどこかへ出かけていった。

「いっていらっしゃい」

私は機嫌よく、トラを見送った。

だが、それっきり、トラは帰ってこなかった。

寒い冬のあいだ、ずっと、私は出窓を少しあけておいた。真夜中、トラの鳴き声がしたように思って、起きだしてみることもしょっちゅうだった。しかし、二度ともう、トラに会うことはなかった。

トラがいなくなったのは、あのリボンのせいではないかという思いが、しきりに私をさいなんだ。リボンが何かにひっかかって、くび吊りになったのかもしれない。あまり綺麗で目立つので、誰かに連れていかれたのかもしれない。ひょっとしたら、仲間にいじめられ殺されたのかも……。すべては私が結んだ赤いリボンのせいにちがいない。

牡猫はときに家出をするが、また帰ってくるという人もいて、わずかに希望をつないでいた。トラばかりでなく、周辺の猫たちも一時に姿を消したから、何かの事件が猫の身の上に起こったのかもしれない。

トラが、猫山に修行のひとり旅に出たのだと思えば、少しは救いになっただろうが、当時、猫山の話を私は知らなかった。

## 二度と猫は飼うまい

　トラがいなくなって、しばらくすると、近所ののら猫たちが、よく、わが家の物干し場に遊びにくるようになった。トラのにおいがまだ残っていて、この家なら安心と、判断したのかもしれない。つまり、猫の味方の人間がいて、その家には猫がいない――という、二重の安心感。私のほうも、これまでトラしか目に入らなかったのが、そちこちにのらも結構いるのだと、窓から見て気がつくようになった。

　西側の物干し場で、のらたちはのびのびとふるまい、部屋まで入ってくることはない。気のあった猫同士は、こんなに仲がいいものかと、このとき、はじめて知った。

屋根を伝ってのらがくる

西側の物干し場で遊ぶのらの猫たち

私はもう、二度と猫を飼うまいと思っていた。新しい猫を家に入れることはトラにわるいという気持。これから家に帰ろうとしているトラの妨げになるかもしれないからである。

それに、ちょうどこのころ、長野県の黒姫山の山麓に、仕事場用の小さな山荘を建てたこともあって、気が紛れていた。私は、映画の仕事から創作の仕事に移ったばかりであった。はじめての山荘暮らしは何もかもが珍しく、一週間でも二週間でも滞在して、飽きることがなかった。うちにトラがいるときだったら、とてもこうはできなかっただろう。わが家に生きものがいないということは、それだけ自由に家を留守にできることなのであった。

山で話題にのぼる動物は、もっぱら、アナグマ、ノウサギ、ヒメネズミ、イタチ、テン、そしてツキノワグマである。このへんに猫はいないものと決めていたら、そんなことはなかった。山荘の周辺にも猫はいたのである。同じ山荘村の画家、赤羽《あかば》末吉さんが、私に告げた。

「見かけないけものがいると思ったら、猫だったよ」

目をまるくしている。

「すごいよ、このへんのは。のら**なんて**いう感じじゃなかったな」

野猫は、山の鳥やネズミなど、狩りをしながら生活しているのだろうか。

間もなく、野猫は、私の前にちょくちょく姿を現わすようになった。見るからに精悍で、からだつきも、胴長で四肢が長かった。道の草を刈っているときや、ごみを燃やしているとき、わざと目につくように出てきては、倒木の上に寝そべっていたりする。食べものをねだるでもなく、ときどきこちらを見て、まばたきの合図を送ってよこす。家の中に入ってこようとしないのは、いかにも、警戒心の強い山の猫という感じがした。

山荘の床下で子を産んだ猫もいた。ちょうど私が東京に帰るときで、プロパンガスの元栓を締めに北側にまわったら、子猫が二匹、枯れ草の上で遊んでいた。枯れ草には、まばらに新雪が降りつもっていたし、北側の雑木林は、どれも木の幹の片側に、ざらめのような雪が模様になって凍りついていた。目に浮かぶ寒々した初冬の風景から察するに、たぶん、十一月も終わりに近いころだったのだろう。

子猫は私を見るなり、驚いてとびあがった。一匹は母猫のいる床下にかけこみ、もう一匹は、とっさに傍らの楓《かえで》の木に爪をたててよじのぼった。まだ、生まれてやっと二か月くらいの大きさだった。子猫は木の途中に張りついたまま、こわそうに鳴き声をあげた。私は思わず抱きあげようと近寄りかけ、ふと、誰かに見られているような気がして振り返った。

見ると、床下から身をのりだした母猫が、恐ろしい形相で、私にぴたりと視線を当てていた。いまにもとびかかろうという姿勢で、前足の爪を覗かせている。私の動きに全神経を集中させているのだった。うっかり子猫に手をだそうものなら、たちまち血を流すことになるところだった。

それにしても、母猫が、心配な自分の子のほうは振り向きもせず、私の挙動にひたすら注意を向けている隙のなさに、つくづく感心させられた。

私はそっと、その場を離れながら、余りものの鮭の切り身を親の方にほうってやった。これからますます厳しくなっていく冬の寒さを、猫の家族はどうやってしのいで生きていくのだろう。なにしろ、真冬は、三メートルもの雪がつもる豪雪地帯なのである。食べものもなくなるだろうし、そんななかで、猫たちが生きていけるとは思えない。おそらくは、人里に下りて冬越しをするのだろう。それまでに、子猫たちに、できるだけ体力をつけさせておかなくてはならないし、学ばせなくてはならないこともたくさんある。母猫の苦労は並みたいていではない。

農家のなかには、雪の深い冬のあいだ、家に集まってくる猫たちの面倒をみてやっているおばあさんがいた。

また、一軒のペンションでは、東京から貰ってきた若い猫が、はじめて雪国の冬を経験して、精神状態がおかしくなった。焦点の定まらない目を開けたまま、黙りこくって、放心状態になっていた。

自由な山荘暮らしをつづけていた十何年ものあいだ、私の関心はもっぱら、山荘に出没するヒメネズミや、下の畑のモロコシをとりにくるアナグマに向けられていた。東京に戻っても、近辺の猫たちは、まるで、そのことを知っているかのように、不思議と私の前に姿を現わさなかった。

ただ、身辺に猫がいなくても、トラは心のどこかにすみついてしまったらしく、私は自然に、猫を、創作の世界にとりあげるようになっていた。

東京と黒姫と、往ったり来たりのなかで、猫と直接かかわりのない生活は二十年も続いた。

トラがモデルになった
『るすばんねこ』
あかね書房

# 第三章　ゴッドマザー〝ホシ〟

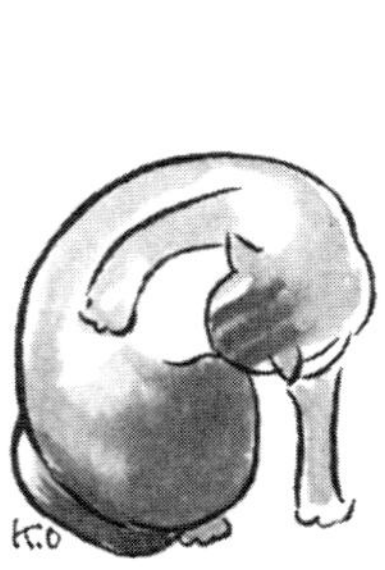

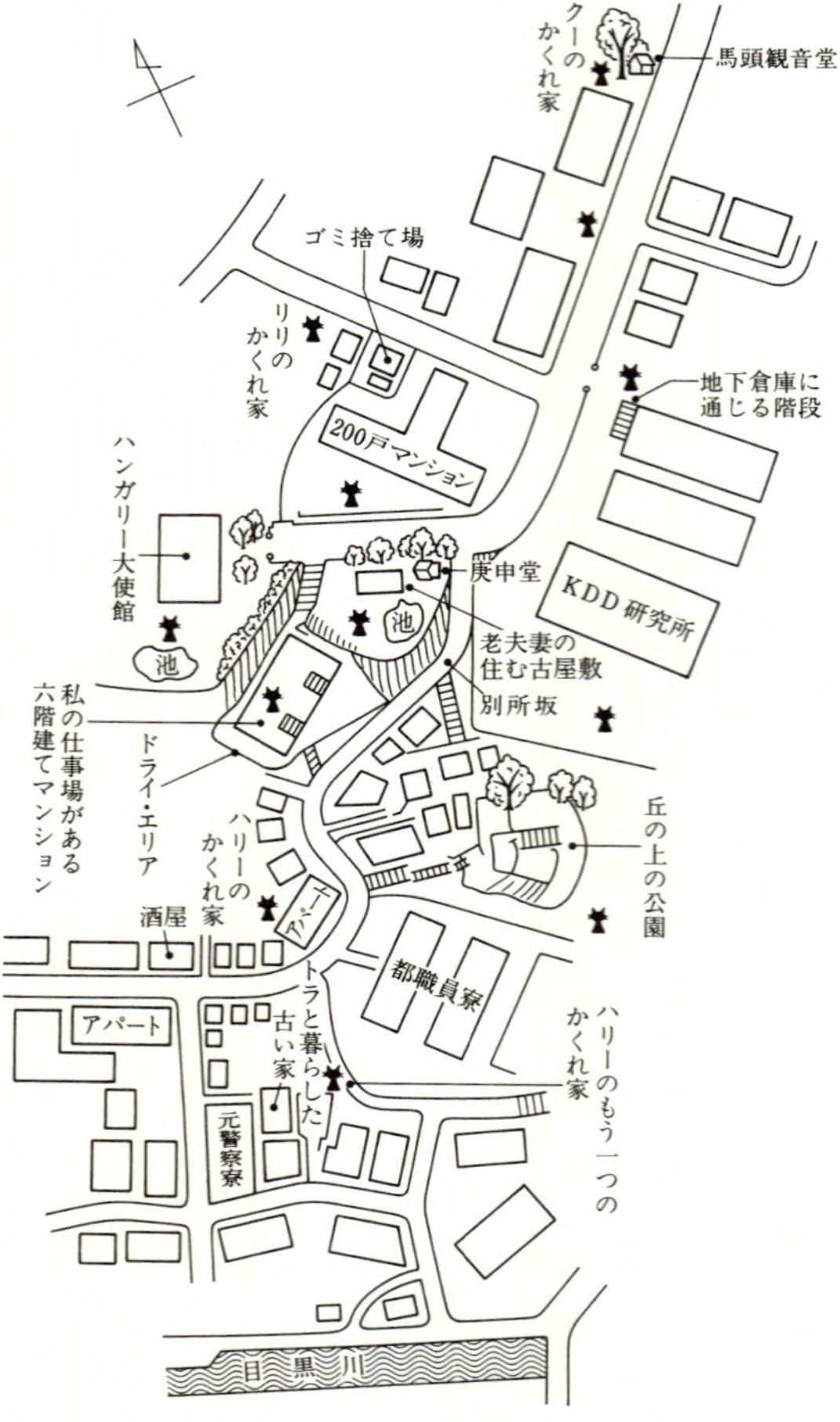
クーのかくれ家
馬頭観音堂
ゴミ捨て場
リリのかくれ家
地下倉庫に通じる階段
200戸マンション
ハンガリー大使館
庚申堂
KDD研究所
池
池
老夫妻の住む古屋敷
別所坂
私の仕事場がある六階建てマンション
ドライ・エリア
丘の上の公園
ハリーのかくれ家
スーパー
酒屋
都職員寮
トラと暮らした古い家
ハリーのもう一つのかくれ家
アパート
元警察寮
目黒川

# 猫向きのマンション

環境汚染や食品公害などが社会問題になりはじめた昭和四十年代、人々は、自然との共存など、そんな面倒くさいことはやめて、人間優先の便利さを追い求めるようになっていた。まるで、町から自然をなくすことが、一種の流行のように見えるほどだった。古い家の住み心地は、にわかにわるくなった。大家が、少しでも今風にしようと考えはじめたからである。

真っ先に、西側の日よけにもなっていた桐の木と柿の木が伐り倒された。落ち葉が雨樋をつまらせるという馬鹿げた理由からだった。木製の物干し場もとりはずされ、鉄製の、幅の狭い飾りにつけ変えられた。トラが帰ってきたときのためにだしてあった籠も、置き場がなくなった。イシガメの水鉢も置けなくなってしまった。

しっとりした、草のにおいのする路地は、車が入りやすいように——と、途中まで踏み石をはがして舗装された。

このころから、都会への人口の集中化が目立ちはじめ、住宅不足から、高層住宅の建設があちこちで始められるようになった。中目黒の高台の約一千坪の敷地にマンションが建ったのは、一九七〇年春のことである。

そこは、山手線の恵比寿駅に向かう別所坂の急坂をのぼりつめた台地の一画だった。坂があまりに急なので、坂下に住む人たちは、もっぱら東横線の中目黒駅を利用していて、私も恵比寿駅にでることはめったになかった。高台の周辺は当時、街灯もなく、夜など、森が闇を深めて物騒な感じさえした。

一千坪の敷地というのは、もともと一軒の広大な屋敷だったもので、邸内の木を伐りはらった屋敷跡には、八階建ての、二百戸からなる高層住宅が出現した。〝マンション〟の呼び名さえまだ耳なれない時代であった。

周囲に緑の多い高台の一等地で、ここからの眺望はどんなにすばらしいことかと思われた。片側が急坂で、車の通りぬけはできないから、静かさも保証されて、物書きの仕事場としては最適である。隣接地は、行きどまりの奥まった場所に大使館があり、周囲の景観はこれ以上変わりようがなさそうだった。

私が仕事場として求めた三階の小さい部屋は、西北向きで、広い駐車場に面しており、大使館側に接した南西側の景観には及ぶべくもなかった。しかし、はじめて持った自分の城で、広々とした空が見わたせるだけでも有り難かった。

坂下の古い家から、新しい仕事場まで、歩いて五分の距離である。昼と夜、坂道を通ることが私の日課になった。

マンションの南西側にも細長い駐車場はあって、車が五台ほど縦に置けるくらいの広さである。この駐車場の低いしきりの上に、猫たちがよく坐っていた。一定の間隔をおいて、まるでこけしのように並ぶのがおかしかった。昼間は影も形もないのに、夜になると勢揃いする。通りすがりに、それを横目に眺め、私は坂を下っていく。まさか、そこに集まる猫たちと、この先親密な関係が生まれることなど、思ってもみなかった。

私はただの通行人で、猫に格別の興味は示さない。そして、こちらがそうなら猫もそうなので、たまにちょっと呼んでみても、実にそっけなかった。

古い家と坂の上の仕事場とを往復しているあいだ、私と猫との関係も最初はこの程度のものだった。しかし、思いがけない偶然から、猫たちとの親しいつきあいが始まることになっていく。

さて、別所坂の北西側は、大使館の台地につながる高台だが、ここの崖をえぐってマンションの建設工事が始まったのは、一九七八年のことだった。

私は毎日、坂の上の仕事場への行き帰り、工事の模様を眺めて通った。建物の完成予想図が貼りだされたのを見ると、階段の多い六階建ての建物だった。周辺を緑に囲まれて、さぞすばらしい景観だろうと想像しながら、まさか、自分自身、そこに住むようになるとは思ってもみない。

それが、古い借家の明け渡しをいいわたされ、そのうえ、母の死で、練馬の持家の処分をすることになった。

私と猫が散歩する別所坂

たまたま通りかかったマンションの販売事務所をのぞいてみると、建物の縮小模型が置いてあった。集合住宅とはいいながら、一戸建ての良さをとり入れて、窓が多かった。東南向きのベランダがあり、南西側に窓、西北側の納戸と浴室にも窓がある。どこも角部屋で、特に左右の端の棟は独立したつくりである。一般のマンションのような、内廊下というものがなかった。廊下の外は庭続きのような感じで戸外に通じているという、開放的なマンションだった。私はいっぺんに気に入った。

猫のことなど頭にはなかったのに、あとから思えば、猫にとって出入りの自由な、実に猫向きのマンションだったのである。

申し込みがおそかったので、すでに、三階のエレベーターわきの一室しか空きがなかった。しかし、南寄りの四階の人が三階を希望し、互いに交換することができた。これだって、猫にとっては好都合の場所に、私自身がおさまるという結果になったのだった。私はこれまでの坂上のマンションを書庫と住まいに当て、新しい広いほうを仕事場にすることにした。

四階の新しい仕事場からは、ちょうど真向かいに、丘の上の児童公園が見わたせた。櫟《くぬぎ》の大木が、ちょうど窓にはまった絵のようだった。

マンションの正式の出入り口は、坂道に面していて、階段を十段ばかり昇ったところに細長いツツジの植え込みがある。これが一階のフロアで、三階までの階段は、ここから始まる。

恵比寿駅から帰宅の場合は、別所坂を下って、再び階段を昇らなくてはならず、これがなかなか厄介だった。上のハンガリー大使館前の広場は私道で、通ってはいけないことになっていた。しかし、毎日の暮らしのなかでの遠回りは、坂道と階段なだけに、不便このうえもない。いつか、三階以上に住む人たちは、裏の非常口の木戸から上の広場へ出るようになった。私自身は、広場をはさんで、住まいと仕事場を往復するので、あたりにいる猫たちと、前より顔をあわせる機会が多くなった。しかし、それは風景の一部にすぎず、私はただ眺めて通るだけだった。

なかに一匹、見るからにこわい顔つきの三毛の牝猫がいた。やせて三角のとげとげした顔に、目だけが大きく、鼻のところに黒い斑がかかってなおのこと恐ろしく見える。通りすがりに目があうと、ぎろっと、こちらを睨み返す。この猫だけは、昼の明るいうちから、駐車場の囲いのブロックの上にうずくまっていた。

あるとき、小さな女の子が二人、このミケをあいだに、はさむような形で腰かけて、手を振りあげているのを見た。

「だめよ。ネコいじめちゃ」私がいうと、

「ちがうってば。このネコ、おこるんだもん」

「そうよ。せっかく、ニボシやったのにさ」

女の子たちは口々に訴える。

この子たち、ニボシをやりながら、じらしたんじゃないのかしら？　と、思ったが、そうでないことは、あとですぐにわかった。私もミケにニボシをやりたくなり、あるとき、ミケの鼻先にさしだしたら……。ミケはすかさず、前足で、私の手からニボシをはたき落とした。

「あっ」といったきり、私は思わず立ちすくんだ。

〈ざまあみろ〉

相手はさげすむような目で、こちらを睨み返すと、ニボシをくわえ、ゆっくりと立ち去った。

私の右手の指先には、はたかれたときの感じが残っていた。握りしめた左手には、別のニボシが汗で湿っていた。ミケは結局、こっちのニボシを食べそこなったわけだ。

（あの子たちも、きっと、こんなふうにやられたんだわ）

いじめられていたのは、猫ではなくて、女の子たちだったのだ。それでも、どちらも逃げださないで一緒にいたところが面白かった。

ミケに限らず、たいていののら猫は、こんなやり方で食べものをひったくる。それが最も確実な方法だからだ。気の変わりやすい人間は当てにならないし、ほかの仲間に横取りされるのも、これなら防げる。何よりも、自主的に獲物をとった気分になるところが、痛快なのだろう。

ミケはいつも、駐車場の囲いのブロックの上で、ひとり手足をつっぱって、からだをなめていた。相変わらず、ガリガリにやせて——。私を見ても、鳴いてすり寄るどころか、ぎろりと睨みつける。そんなミケが、なんだか哀れでもあった。

# 二匹の子猫

マンションの暮らしといっても、二百世帯と、二十三世帯のそれでは、ずいぶん違う。ここでは、管理人は常駐せず、管理会社が管理を行う方式であった。組合の役員も輪番制でめぐってくる。留守中の宅急便を預かるのもご近所という、きわめて開放的なマンションだった。

管理規約に基づいた「使用細則」があり、一般的禁止事項のなかに、「小鳥及び魚類以外の動物を飼育すること」という条項が定められていた。これは、当時、だいたいどこの集合住宅でも同じであり、〝犬猫を飼ってもよい〟と、最初から明示しているところは、まずないといってよかった。

しかし、マンションにも動物好きの子どもはいて、近所ののらたちを自分にひきつけようとやっきになっていた。

五階の一家族は、大きなコリーを室内で飼っていた。

「小さい犬の種類のはずだったんです。それを、売るとき、店の人が間違えてしまって」と、奥さんが、いいわけのようにいった。シェットランド・シープドッグのつもりだったのだろうか。子どものいない共働きの夫妻で、犬の散歩は自転車で、主に奥さんが連れていく。雨の日は、犬も黄色いレインコートを着せられていた。

新しいマンションは、自然に恵まれて、いろいろな虫たちもやってくるし、カエルやヤモリも廊下に姿を現わすといったぐあいで、私にはこのうえなく好ましい環境だった。大きな白いヘビが、大使館とマンションの隣の家を往き来していて、ときどき、裏階段の上の通路で寝そべっていることもあった。

そのうちに、マンションの北側の芝生で、二匹の子猫が遊ぶ姿を見かけるようになった。キジと茶トラの牡猫で、生まれて二か月くらい、二匹はきょうだいらしかった。遊びざかりのわんぱくざかりで、芝生を転げまわり、追いかけっこをし、昼間なのにかくれもしない。無邪気な姿は、まるで絵のように周囲の風景ととけあっていて、住人も誰も文句はいわなかった。

そんなある日、私の部屋の真下に当たる三階のドアの前に、その二匹がいるのを見かけた。若い女性が、かまってやっている。二匹はよくなれていて、彼女の手に、ふざけて嚙みついたり、ひっくり返って撫でてもらったりしていた。

「あら。猫たち、遊びに来てるんですね」と、私はいった。いったんドアを閉めかけた相手は、私の声の調子に安心して、再び姿を現わした。

彼女は航空会社に勤めていて、大学受験の弟と二人住まいということだった。

それからは、ときどき、猫たちにミルクをやっているところも見かけるようになり、私たちは自然と言葉を交わすようになった。キジと茶トラの母猫が、あの、駐車場にいるこわいミケだと彼女はいう。

「ほんとですか？」

私は信じられない気がした。目の前の子猫たちの、あまりに無防備な姿からは想像もできなかったし、毛色の違いからもまさかと思った。

「でも、そうなんです」

彼女が確信ありげにいうところを見ると、きっと、そうなのだろう。

「もうじき、私たち、ここを引っ越すんです。そうしたら、この子たち、どうなるのかしら」

彼女は心配そうに眉を寄せる。ひそかに食べものをやり、面倒をみてやっていたのだろう。

何とかなるんじゃないかしら——と、私はいった。

「猫好きの人はほかにもいるでしょうし。私も猫は好きですから」

三階の姉弟は引っ越していった。そして、間もなく、二匹の牡猫きょうだいは、まるで、そうなることが当たり前だという顔をして、私のところに遊びに来るようになった。食べものをねだりに——ではなく、ただ、遊びにやってきたのである。

二匹はいつも一緒で、いつも機嫌がよかった。生きていることが、ただもう嬉しくてしかたがないといったふうなのだ。顔の表情も、明るく屈託がない。することもあっさりしていて、そのうえ、めったに鳴かない。階下の女性が、上手にしつけたのだろうか。それとも、しつけたのは、母猫の、あの、こわいミケだったろうか。

きょうだいは、外から帰ってくる私を、どこかで見張っているらしく、競走で、わが家のドアの前まで走ってくる。居ても立ってもいられないというふうで、互いにからだをぶつけあったり、はでに足踏みしたりしながら、のどを鳴らす。茶トラのほうは、明るい瞳が蜂蜜色で、何となくとぼけた感じがした。いやに足の長いのが目立った。キジ猫は、考え深そうな表情をしていた。こちらのほうが兄貴株といったふうで、茶トラはキジに遠慮しているようなところが見えた。

ひとしきり、頭を撫でたりしてかまってから、私はいったん、家に入る。ニボシを持って、もう一度ドアを開けると——、もう、猫たちはいなくなっている。拍子ぬけして、私はきょろきょろあたりを見まわす。——が、影も形もない。

今思うと、私のことを、猫たちはこっそりどこかにかくれて見張っていたのではないだろうか。昔、子どものころ、近所の家の応接間で、猫たちとかくれんぼ遊びをしたときのように——。なにしろ、猫はゲームが大好きなのだ。

私はしかし、猫たちが、ただの遊びで来たことが、そのときは信じられなかった。きっとせっかちな猫たちで、食べものが出てくるのを待ちきれなくて、行ってしまったのだと思った。

こんなことが何度かつづくと、私は、猫が食べものを受けとってくれるのを期待するようになった。

動物でも人間でも、ご馳走のもてなしは、互いに相手を信用しあういちばん確かな方法のような気がする。猫に限らず、動物に食べものをやってみたくなるのは、食べてもらえると嬉しいからだ。

食べものがほしいためではなく、ただ遊ぶためにやってくる、こんな、猫とのつきあいを、私は結局、自分のほうからこわしてしまった。

はじめてニボシをやったとき、二匹はちょっと意外そうに、ニボシと私を見くらべた。床に五、六匹おいてやると、まず、キジのほうが先に食べはじめた。茶トラは、近くにきちんと坐ったまま、わざと、別の方角を眺めている。でも、内心は、ニボシが気になってしかたがないらしい。ついに辛抱できなくなり、キジの様子を窺いながら、おずおず前足をのばしてくる。その前足は、まっすぐ突っ張ったまま、まるでステッキのよう。いつものしなやかな前足で、ひょいとすくいあげるくらい、なんでもないことなのに……。

そうして、そのステッキの先でニボシをぴたりとさぐり当てると、今度は少しずつ、自分の方へ引き寄せていく。キジは、それと気づいていながら、これまた、わざと気づかないふりをしてやっている。

　なんとおかしな猫たち――と、思ったが、食べるにも、猫にはちゃんと順位があるのだった。のちのち私の知りあった猫たちにもやはり順位があって、この場合は、小さいもの順が守られていた。母猫のコロは、息子たちが大きくなってからも、自分は一番あとから、子どもの食べ残しを、まず片づけるのが習慣であった。

　さて、きょうだいは、前よりも熱心に、私の帰宅を待ちうけるようになった。

　お堂の大きな欅《けやき》を右にまがると、どこからか、二匹はボールのようにとびだしてくる。無口なキジにひきかえ、茶トラは、はでにニャンニャン鳴きたてた。二匹は競走で、マンションの裏門の柵をくぐりぬけ、コンクリートの坂をかけ下り、それにつづく階段もかけ下る。三階の外廊下を走って、今度は四階まで一気にかけ上がる。そうして、わが家のドアの前で、あとから来る私を待っているのだった。

　これが日課のようになったある日、思いがけないことが起こった。大きな灰色猫があとをつけてきたのである。まるで、のら猫代表の大親分のようなやつだった。そんなこととは夢にも知らず、きょうだい猫は、これから始まる楽しいひとときを思って浮き浮きしていた。私も、「ちょっと待ってなさいよ」などといいながら、ドアの鍵穴に鍵をさしこんだ。

　そのとき、突然、背後で、ギャッという悲鳴が起こった。

振り返ると、茶トラが壁際に身をすくませて立っていて、キジは姿を消していた。恐ろしい顔をした灰色猫が目に入り、思わず私は声をあげた。その瞬間、灰色猫は猛然と茶トラに襲いかかった。

はじけたように、茶トラは相手の爪の下をかいくぐって逃げだす。そのまま、四階の外廊下を走りぬけ、階段をとび降りて、今度は三階の外廊下を走って、また四階への階段をかけ昇り、わが家の玄関先まで戻ってきた。すぐつづいて、灰色猫が、思いがけない身軽さでしつっこく追いかけてくる。二匹は追いつ追われつ、夢中でぐるぐる走りまわっている。まるで疾風の勢いで、上階に行くかと思えば、すぐにまた下に降りてくる。

マンションの人たちもまさか、まわりで、こんな追いかけっこが行われているとは思いもよらないにちがいない。私はただ、呆然としながら、家の中にひっこむよりしかたがなかった。

間もなく、離れたところで、ギャオという叫び声がきこえ、あとはひっそりとなった。結局は灰色猫に追いつめられ、制裁を加えられたのだ。

ちらと私を見たときの、灰色親分の、あのふくれた顔つきは、人間でもよく見かける表情だった。彼は、私のところへ通ってくる猫たちが、特別扱いをしている私も含めて面白くなかったのだ。

猫たちとつきあっていると、彼らの人間的な感情に驚かされることがしょっちゅうだ。

それも、猫が人間と相対する場合は、自制力もかなりきくのに、猫同士の場合は、ストレートに感情を爆発させて容赦しない。

　思いだすのは、犬が好きになったある牝猫のことである。

　庚申堂の大欅の下は、急坂をのぼってきた人たちがひと息入れる場所でもあり、また、犬を散歩させる人が、ふっと立ち寄る場所でもあった。

　ある日の夕方、一匹の小型犬を連れた女の人がたたずみ、そのまわりに猫たちが群がっていた。珍しい光景だった。いくら小型でも犬は犬、猫は近寄らないのが普通である。通りかかった私が目をまるくすると、

「うちの犬、猫が好きなんです」と、犬の飼い主はいった。

　どの猫でもいいというわけではなく、その犬が好きなのは、黒白斑の一匹だった。見ていると、ちょうど交尾のときのように、犬はその牝猫にのりかかろうとする。猫は迷惑そうにはするけれど、べつだん逃げだす気配もない。飼い主は紐をたぐって引き離しながら、事情を次のように説明してくれた。

　その牝猫は、犬の散歩の途中、ここから百メートルほど離れた服飾アカデミーの付近で、いつも出会うのらだということ。互いに好きあって、猫のほうからついてくるようになり、このごろでは、すむ場所もここに変えて、犬を待つようになったということ。

「そんなにうちのが好きなら、いっそ、一緒に飼ってやろうかと思ったんですけどね。

抱こうとすると、いやがって逃げてしまって……」

猫は、犬の飼い主に対しては、それほどの親しみをもてないのだろう。ただ、こうして、一日一度好きな犬に会うだけで、きっと満足なのだろう。親切な人間に飼ってもらえば、毎日の食べものも保証されるというのに……。しかし、おそらくはそのことも承知しながら、猫は今の生活を自分で選んでいるわけだ。

しかし、犬が好きな猫など、猫仲間から見れば、大変な変わりものということになる。おまけに、その変わりものは、自分たちの縄張りに侵入してきた新入りであった。たちまち容赦のない制裁が加えられた。

その現場を、私は見たわけではなかったが、牝猫は実に惨憺たる有様になって、私の前に現われた。

昼間、外出しようと、そのとき私は裏木戸への急階段を昇っていくところだった。ひょいと顔をあげると、木戸につづくコンクリートの坂の中央に、その変わりものの牝猫が、こちらを向いてきちんと坐っていたのだった。驚いたことに、顔は血まみれで、口から舌の先がはみ出ていた。しかも、舌はぼろ布のように幾筋にも裂けているのだった。ひどい怪我だ。私は思わず、抱きあげようとした。連れ帰って、何とか手当をしてやろうと思った。しかし、その途端、相手は両耳を後方へぴたりと伏せ、目をつりあげ、低いうなり声をあげはじめた。前足の鋭い鉤爪《かぎづめ》も覗く。どうにも手がつけられない。

この猫を見たのは、それが最後になった。

## 別所坂のできごと

また一つ、思いがけない事件が起こった。ちょうど、秋の終わりごろだった。

裏木戸のわきの大銀杏は、金色の葉を散らしはじめていた。老夫妻の住む庭の青桐も、舟型の莢《さや》がはじけて実を散らしたのち、枯れ葉をばさばさ落としていた。緑に恵まれたマンションは、この時期、敷地は枯れ葉だらけになり、管理会社の掃除のおじさんを嘆かせる。

庚申堂の大欅も、赤茶色のこまかい葉が散り落ちて、日に日に、明るい空を覗かせるようになった。

灰色猫と追いかけっこを演じた茶トラとキジのきょうだいは、灰色親分に襲われてから、姿を見せなくなっていた。夕方、駐車場の囲いのブロックの上に勢揃いする猫たちのなかにも、二匹はいなかった。

このころ、私は、背の高い西洋人らしい年輩の男性が、ここに集まる猫たちの面倒をみていることに気がつくようになった。駐車している車の下に、食べものの皿を差し入れている姿を何度も見かけた。

この人が、本書の第一章で詳しく紹介したジャックさんである。のらを世話する人の常として、ジャックさんは、自分の行為が目立たないように、とても気を使っていた。通りすがりに目があいそうになっても、こちらの視線をわざとはずすようなところがある。素姓のわからない人間との猫をめぐるトラブルを避けたいためで、実は、たいへん人なつっこい優しい性格の人だった。

茶トラとキジのきょうだいも、きっと、彼の世話になっていたことだろう。

駐車場に集まってくる猫たちは、私には、どれも同じような猫に見えた。彼らがそれぞれに強い個性をもち、仲間うちのルールを守りながら生きていることなど、親しくつきあってみなければ見えてこない。

例の灰色猫は、重そうなからだで、動くのも億劫そうに、いつも人目につくところにうずくまっていた。昼間も、車の屋根の上でひなたぼっこだ。こんな年寄り猫が、どうしてあんなに、飛ぶように走れたのか、不思議なくらいだった。

灰色親分は私を、細い、糸のような目で見ていた。目と目があうと、親分は、ゆっくりまばたきをしてみせた。なんと、なれなれしい。

(うちにきていた二匹の猫たち、どうしちゃったのよ)

と、私も口にださずにいってやった。

(このごろ、ちっとも来ないけど、まさか、あんたが殺したんじゃないでしょうね)

それから二、三日経った夜、お堂の欅の下で、私は不意に足もとを二匹の猫にからみつかれた。

「まあ、あんたたち……」

そういったきり、次の言葉がでてこない。茶トラとキジのきょうだいは、嬉しそうにのどを鳴らし、私の足にからだをこすりつけてくる。茶トラは我慢できずに、ニャーニャーはでな鳴き声をあげる。

「どこに行ってたの？　今まで。心配したじゃないの」

いいながら、私はあたりの暗がりをそっと見まわす。灰色親分の細い目が、どこかで光っているような気がしたからだ。また、このあいだと同じことになってはかなわない。

ともかく、マンションの裏木戸は避けたほうがいい。

遠まわりにはなるけれど、私は別所坂を下ることにした。

急坂の始まりは狭い石段である。猫たちはその石段を避けて、お堂の茂みのかげから、かわるがわる顔を覗かせた。

〈わかってるって。一緒についていくよ〉

そんな顔である。そして、二匹は思いきりよく、茂みから坂道へとびだしてきた。

猫たちはよほど嬉しいらしく、日ごろ無口なキジまでが、興奮して鳴き声をあげる。

こうして、一緒に坂を下りはじめた私たちは、しかし、最初のカーブをまがったところで、思いがけない相手と出会ってしまった。大きな犬が、革紐を握った飼い主を引っ張るようにしながら、息をぜいぜいきらして昇ってきたのだ。夜、この坂道が、犬の運動コースになることを、私はうっかり忘れていたのである。

勢いづいて走り下っていた私は、驚いてとびのき、相手もぎくりとして足をとめた。猫は……、猫は、私がどいたもので、犬の真正面にでてしまった形になった。

次の瞬間、犬は牙をむき、吠えながら猫に向かっていこうとした。でも、飼い主が握っている紐のために、犬はただ、おどりあがっただけだった。その間に、キジはすばやく、傍らの家の板塀にとりつくと、爪をたててよじのぼった。

私は——といえば、この瞬間、猫の味方であるよりも、人間の側に立ってしまったのである。犬の飼い主と私は、互いにちょっと笑顔の挨拶さえ交わし、何事もなかったように歩きだした。逃げおくれた茶トラが、恐怖でいっぱいの目をみひらいて、まだ、動けずにそこにいるというのに——。

「大丈夫よ」と、一言、私が声をかけてやりさえすれば、猫も我に返って、次の行動に移れたはずだったのに——。そして、犬の飼い主も、猫の存在を認めてくれたにちがいない。

飼い主が紐をゆるめるのと、茶トラが、はじけたように逃げだすのと同時だった。歩きながら振り向くと、飼い主は面白がって、わざと犬をけしかけていた。そして、茶トラは、今来た道をひき返そうとして、大あわてで、急坂をかけのぼっていくところだった。かけのぼるというよりは、地面に、からだが貼りついたりはがれたりしているように見えた。

横にとんで、はずせばいいのに……。そんなゆとりさえなくしてしまった茶トラ。その姿を目にしながら、私は「犬をけしかけないで！」と、どなることもできなかった。

私は気がとがめながら、ひとり、マンションの階段を昇り、四階のわが家に帰ってきた。自分の不甲斐なさが、嫌でたまらなかった。

（せっかく久しぶりに会えたのに、今日はもう、やってこないだろう）

玄関のドアを開けながら、私は思いきり悪く、あたりを見まわし、もしやと、耳を澄ます。その私の耳にきこえてくるのは、灰色親分の声だった。

〈だから、いわないこっちゃない。人間の親切なんて、それくらいのものさ〉

その後、猫たちは、ちっとも姿を見せず、私は犬の事件を思いだしては、ますます気がとがめるばかりであった。

ところが、そんなある日、突然、猫たちがやってきた。

思いがけないことに、茶トラとキジのきょうだいは、一匹の子猫を連れて、ドアの外に立っていた。まんまるい顔に大きな目の、かわいい子猫であった。

## 新入りの子猫〝ホシ〟

新入りの子猫は牝で、からだ全体が、不思議な色あいの毛に包まれていた。煙色とでもいうような黒っぽい毛並みでオレンジ色がかった毛が、ところどころ、不規則な縞模様をつくっている。そうして、額の真ん中には、オレンジ色がかった黄色の、星のようなマークがあった。短い尾は、ねじれてまがっていた。

子猫といっても、若い猫になりきる前の、人間でいえば十五歳くらいの少女の感じである。考え深そうな落ちついた表情をして、大きな目で、ぴたりとこちらを見すえるところなど、なかなか気の強そうなところが見えた。

この子猫が〝ホシ〟で、はじめて私が名をつけた第一号の猫ということになる。〝ホシ〟の名は、額の星のマークからとってつけた。呼ぶときは、ホを強めて呼ぶ。ホシは、今、わが家にいるコロの祖母に当たる猫である。

私は子猫のホシを眺めながら、ふと、以前、駐車場にいたこわい牝猫のミケの顔を思いうかべた。ミケの毛並みとちっとも似ていないのに、そう思ったのは、同じような強い目つきのせいだったかもしれない。

茶トラとキジのきょうだいは、自分たちが連れてきた子猫を、気に入ってもらえたかどうか、ちょっと心配そうにしながら、両わきにつき添っていた。その様子は、まるで保護者のようであった。

ホシがミケの子だとすれば、茶トラやキジとも血を分けたきょうだいということになる。そういえば、近ごろミケの姿を見かけないが、どうしたのだろう。私はあれこれ思いめぐらした。二匹が子猫を連れてやってきたことは、ミケがいなくなったことと関係があるのかもしれない……。

猫たちは、この周辺に、いつもたくさん集まっているのだが、その中身はときどき入れかわっていた。顔見知りの猫が、いつの間にかいなくなったと思うと、新しい猫がどこからかやってくる。そのうちに再び、いなくなった猫が舞い戻っていたりする。食べもののことだけでなく、仲間同士のあいだでもいろいろな事件が起こっているにちがいない。いつものところにいなくなったから死んだとはいいきれない部分がある。

茶トラとキジのきょうだいは、私が子猫を気に入ったらしいと見てとると、ほっとしたように肩の力をぬいた。

とりあえず私は、久しぶりに訪ねてきた猫たちに、ニボシをだしてやった。それから、この前の事件以来、気がとがめてならなかった茶トラには、特別、ベーコンをご馳走した。

「ここに来ていること、親分にみつからないようにしなさいよ」

幼いころのホシ

私は、そういってやった。

茶トラは目をきょろきょろさせて、私を見あげた。

〈大丈夫。あいつはもう、いないから〉

そんな答の顔つきである。

「そうか。いないのか」と、私もいった。

このところ、ミケばかりか、灰色親分の姿も見かけなくなっていることに私は気づいた。

二匹のきょうだいは、いつも、子猫のホシを連れてやってくるようになった。以前と変わったのは、帰宅する私を表でみつけても、その場はただ見ているだけで、ついてこようとしなくなったことである。よっぽど、たび重なった事件がこたえているらしい。そのかわり、私が家に入ると、間もなく三匹は連れだってやってくる。

ドアの外の鳴き声に出てみると、ホシだけが、そこにきちんと坐っていたりする。

「おかしいわね。今鳴いたの、あんたじゃないでしょう?」

器にミルクを入れてだしてやると、建物のかげから、茶トラとキジが走り出てくる。ほら、ここにいるよ——と、いうように。猫たちは、なかなか茶目っ気があって、私がおおげさに驚いて見せると、とても嬉しそうにする。ミルクに口をつける順番は、ホシが一番、キジが二番、茶トラはいつも三番目。茶トラは遠慮深くて、あとから、二匹のあいだにそうっとわりこむのだった。

やがて、ふっつり、猫たちは来なくなった。気まぐれの彼らのことなので、こちらも、それほど心配はしない。

そんなある日、思いがけない形で、茶トラとぱったり道で出会った。茶トラは女の人に大事そうに抱かれ、どこかに連れていかれるところだった。彼女には私も見覚えがあった。いつも欅の木の下に、食べものを置きにきている人だ。

「あらっ」

思わず立ちどまって、茶トラを見ると、彼はまごまごして目をそらした。早くその場を立ち去りたいらしく、身をねじって、くびを長く前方へつきだしている。抱いている女性も、ばつの悪そうな顔で、遠くへ視線を向けたまま、私の傍らを黙って通り過ぎていった。

残されたキジは、近くのKDD研究所のツツジの植え込みのかげに、じっとうずくまっていた。不機嫌な顔つきだった。声をかけると、いかにも迷惑そうに、じろりとこっちを見返した。茶トラが、やすやすと連れ去られたことに、きっと腹を立てていたのだろう。それとも、自分が飼い猫に選ばれなかったことに、腹を立てていたのだろうか。

それっきり、猫に食べものを運んできていた女性は、姿を見せなくなった。キジも、どこかへ引っ越して、それからは、子猫のホシだけがわが家に通ってくるようになった。

このホシが、やがて、二度の出産で三匹を育てあげ、そのうちの二匹、牝猫のチビとミイコが、マンションの周辺で活躍するようになる。ホシは、現在わが家にいる猫たちの原点というわけだ。いや、原点は、あの、こわいミケ、ホシの母親であった。

子猫のホシは、ひとり、階段を昇ってやってくる。まるで、この私だけが頼りだというふうに――。そんなホシを、私は見捨てるわけにいかなかった。ドアを境に、けじめをつけながら、私は食べものの余りを分けてやった。

冬が過ぎて春が来て――。その間、ほとんど欠かさずホシはやってきた。ちょっと来ない日があるかと思うと、また、つづけて顔を見せる。からだはそれほど大きくなったようにも見えないのに、毛並みのほうは艶が増して、もともと煙色だったのが、今では黒といっていいほどになった。オレンジ色も濃さが増し、背全体、黒とオレンジのマーブル模様になっていた。額の真ん中の星のマークも、オレンジ色が濃くなった。

外で出会うと、ホシは、ごろりとひっくり返ってみせる。そうして、ごろりごろり、ひっくり返ってはまたはね起きて、私のあとをついてくる。こんなところを、もし、マンションの住人に見られたら困るなと、私はあたりに気を配る。マンションには動物嫌いの人たちもいたからだ。

階段の踊り場でも、ホシはごろりをやり、私の足が近づくと、さっとはね起きて先を走っていく。少し距離が開くと、後足《あとあし》でタッタッタッとくびすじをかいては、余裕のあるところを見せる。

私の留守のあいだも、ホシはときどき様子を見にくるらしかった。玄関のドアの前には、古い家にいたときに使っていた緑色の郵便受けが置いてあった。底の坐りがよくなくて、少しガタガタし、三角屋根の横木もぐらついていた。その横木が、ときどき斜めになっている。一度、郵便受けの屋根にホシがのっているのを見てから、それが彼女の仕業とわかった。屋根からとびおりるはずみにそうなるので、これは、留守のあいだにホシが訪ねてきたことの証拠であった。

ホシとのあいだに、親密な関係が生まれ、私は自分でも気がつかないうちに、猫の世界に深入りしていったのだった。

猫が訪ねてくることで、私の生活に変化が生じた。――というより、このころはまだ、アクセントがついたというほうが適切な、そんな程度の変化であった。

「お母様が亡くなって、おひとりじゃ、お寂しいでしょうから」

と、他人は母の死にかこつけていうけれど、私の場合、それとこれとは関係がない。

母の死後、三年経って、ようやく私は、自分の中に母を同化させた生活ができるようになっていた。母は私に、仕事をするための時間をくれたのだと、思うようになっていた。

この時期、自著の表紙や挿絵を手がけるなど、かなり忙しい日常だった。勢い、仕事場にいる時間が長くなり、寝泊まりもここでするようになった。東京にいなければならない雑用も急激にふえた。以前のように、黒姫に長期間滞在することは、自然と少なくなっていた。仕事場にホシが通ってくるようになったのは、ちょうどこのころのことなのである。

さまざまな事情が、猫との結びつきを深くしたのだから、やはりこれは〝運命〟、いや〝宿命〟というものなのだろう。

一方、私は、幼年童話で、黒猫のドンを主人公にした物語をいくつか書いた。猫たちと親しくつきあうようになって、無理なく物語が展開できた部分もあるけれど、作品に颯爽と登場するのはやはり、昔、古い家で一緒に暮らしたトラであった。更にドンのイメージのなかには、私の子ども時代の思い出の猫たちや、古家の物干し場から顔を覗かせたのらなども混り合っていた。

間もなく、ホシは妊娠した。お腹が、目立って大きくなってくるのと反対に、ホシの顔はとがり、目は鋭く、あの、こわいミケとそっくりの顔つきになった。

このあいだまで子猫だったホシが、もう母猫になろうとしている……。その生長の速さに私は驚いた。それまで、ホシが牝だということさえ、考えてみたことはなかったのである。

（そのうち、子を産みにくるかもしれない……）

玄関のドアの向こうに、ホシと、生まれたばかりの赤ちゃん猫がいる光景を思いうかべ、私は落ちつかなくなった。

——と、まるで、その気持が通じたかのように、ホシはぱったり姿を見せなくなった。

トラたちをモデルに
書いた幼年童話
『あめの日のどん』
実業之日本社

## ホシと娘の〝チビ〟

ある日、ホシは突然、元通りのスマートな姿になって、私の前に現われた。

「赤ちゃん、無事生まれたの？」

小さな声で、私は尋ねた。

ホシは、考え深そうな顔で黙っている。

たぶん、隣の古屋敷のどこかで産んだのだろう。敷地内には、今はあまり使われていない、半ば朽ちかけた離れ家もあった。雨風をしのげる程度の場所は、いくらもみつかるにちがいない。

赤ちゃん猫をどこにかくしているのか、いったい何匹産んで、何匹が元気に育っているのか、さっぱりわからない。

間もなく、隣の古い屋敷の植え込みや、庚申堂のあたりで、ときどき素早く動く子猫の姿を見かけるようになった。お堂の石垣の、一つだけ石の欠けたところに、耳を伏せてかくれている子猫をみつけたこともあった。子猫はすばしこく、みつけたと思っても、瞬間、姿を消してしまう。

そのうちに、一匹の子猫がやっと、自分のほうから姿を見せるようになった。——と

ホシ

いっても、はじめのうちは、私の足もとを風のように斜めにつっきって、大急ぎで木のかげに逃げこむという現われ方だった。そんなときは、ちゃんと、近くに親の目が光っている。私を警戒するというよりは、わが子を見まもる母親の目だ。

〈そう、それでいいの。あの人間は、信用して大丈夫なんだからね〉

そんな声が聞こえるようだ。また、母猫は、こうもいうにちがいない。

〈わたしらが生きていくためには、一人か二人、人間の味方をつくっておかないとね〉

ともかく、野生の子猫にとっては、見あげるような人間が、こわくてしかたがないらしい。それを何とか近づけようと、母猫は苦心する。のちにわが家で生まれた子猫の場合は、目が開いたときから人間を見なれているせいか、まったく恐れることはなかった。

ホシは、私が外出のとき、大使館前の広場の真ん中に、きちんと坐って見送ってくれる。背景が、なにしろ立派な門構えと赤松の木で、ホシも、そうしていると、なかなか堂々として立派に見えた。

ある日、広場を行き過ぎてから、ふと振り返ると、子猫が一匹、ホシにまつわりついて甘えていた。子猫のチビの毛色は、焦茶の縞にアメリカン・ショートヘアの模様が混じって美しかった。いつも子猫が一匹なのは、これだけしか育たなかったのだろう。いや、あるいは、ホシが自分で一匹を選んで大事に育てたのかもしれなかった。

チビは牝猫だった。その後ホシの二度目の出産で育ったのも、やはり牝猫であった。牝が丈夫で育ちやすいのか、ホシがわざと牝を選んで残したのか、真偽のほどはわからない。

間もなく、チビは、母猫のあとに従って、私のところにやってくるようになった。私の帰りを、ホシはどこかでちゃんと見張っていて、いそいそと先にマンションの裏木戸の柵をくぐりぬける。そうして、私からちょっと離れたところで、いつものように、あおむけにひっくり返ってみせる。

チビは不思議そうに、そんな母猫をじっとみつめている。私が近づくと、ホシは、ぱっとはね起き、階段をかけ降りる。チビもあわててあとを追いかける。小さいくせに、とても上手に、すとんすとんと降りていく。この階段を降りるのは、どうも、これがはじめてではなさそうだった。

私と一緒のとき、猫たちはいつも階段を使ったから、私は最初、てっきり、それが猫の道だと思ってしまった。しかし、猫には猫だけの塀の上の道があった。四階のわが家まで、何も階段を昇り降りしなくても、そのほうがずっと楽で近道だ。また、そのほうがずっと自然で猫らしく、住人にも目立たない。けれども、こうして一緒に歩くことで、猫も私もいっそう親密な感じになった。

さて、階段を降りきった三階の踊り場で、ホシはまた、ゆとりのあるところを見せて、あおむけになる。母猫のそんなポーズを、遊びの合図と思ったのだろう。あるとき、くびをかしげて見ていたチビが、不意にとびあがってじゃれかかり、母猫に怒られる一幕もあった。

マンションの三階の外廊下を、ホシはいそいそと小走りに歩いていく。そのあとから、私が――。いちばんあとから、ちょっと離れて、チビがおっかなびっくりついてくる。迷子にならないかと、立ちどまって振り向くと、チビはたちまち逃げだして、物かげにぱっとかくれる。そうして、恐る恐る顔を覗かせ、やっぱりついていくことに決心するのだった。

わが家の玄関先まで、なんとかチビはついてきたものの、人間がこわくてこわくて、まっすぐ私を見ることもできない。ミルクを入れた皿を出してやると、床にからだをへばりつかせ、やっとのことでいざり寄ってくる。飲みだすまでがまた大変で、額ごしに私を見あげ、鳴きながらあとずさったり、また、ミルクのにおいにひかれて近づいたりだ。

そのうちに、チビは、いいことを考えついた。それは、うしろ向きであとずさりながら、半円を描く感じで、ミルクの皿に近づくことだった。これだと、私のいるところと距離的には近くなるが、向かい合わせにならなくてすむ。つまりは、私の目を意識しないで、ゆっくりミルクを飲めるというわけだった。

これは、チビが特別用心深い性格だったからということではないらしい。チビが成長してから産んだ子猫のリリも、やはり同じことをした。どうやら、野生動物一般の習性で、目と目があうことは、特別な意味をもつのだろう。

以前、三重県御在所岳の日本カモシカ・センターで、そこで飼われているカモシカの子と記念写真を撮ってもらおうとしたら、こわがってすぐとびはねてしまい、なかなか一緒にはいらなかった。そこで、私はうしろ向きのまま、カモシカに近づいていった。目を合わせなければ、ずいぶん近くまで近寄れることを、そのとき知った。

チビは間もなく、母猫の先に立って、わが家にやってくるようになった。からだ中、期待と喜びにはずんで、短いしっぽもぴんと立てていた。

母猫のまねをして、ごろりもやって見せる。はじめてのごろりは、起きあがるタイミングがうまくいかず、ぎごちなくて、それがまたかわいい。

ホシは、チビを大事に大事に育てていた。食べものも、むろん、チビが先だ。チビが食べ終わってから、ホシはやっと、自分の食事を始める。それをまた、チビがほしがると、せっかく口に入れたものを吐きだして、子に与えた。

このころのチビは、子猫らしいまるっこいからだつきをして、正面から見ると、ふかふかな産毛が輪郭をぼかしていて、とてもかわいく綺麗だった。まんまるい目は蜂蜜色で、もはやこわがらずに、私をしっかりとみつめる。しかし、ホシのほうは、いつも機嫌が悪く、こわい顔をしていた。私が、チビばかりを見ているせいなのだ。チビが上機嫌で、ニャンニャン鳴きながら、からだをホシにぶつけぶつけ歩くときも、ホシは黙りこくって、面白くない顔つきだった。

やり場のない嫉妬心を、ホシはチビに向けて、わざと邪険にするときもあり、また、直接、私に向けることもある。その日の気分で、理由もないのに、シャーッとかすれ声をあげて脅すのだ。両耳を伏せてうしろへ引き、ふだんは小さく慎ましやかな口が、このときばかりは耳もとまで裂けて、見るも恐ろしい顔つきになる。食事の最中、その前を横ぎると、ホシはやはり、シャーッと脅しをかける。今にも足のふくらはぎに噛みつかれそうで、私はびくびくした。

のちにわが家で生まれたハリーも、自分の前を横ぎる相手には、うなって道をよけさせた。猫は、なかなか礼儀正しい生きものなのである。

一度こわいと思うと、誤解も生じる。ホシが私を見て、舌なめずりをしたとき、まるで私を食べたがっているように見えて、思わず冷やりとさせられた。昔観たフランス映画、「パリの空の下セーヌは流れる」のなかの一場面が目に浮かぶ。一人暮らしの老女が、アパートの一室で、飢えた猫たちに襲われる、あの場面だ。むろん、そんなことは現実に起こるはずもなく、ホシはただ、ご馳走が出るのを期待しただけのことなのだ。いわば、一種の条件反射のようなものだった。

外出のときなど、相変わらずホシは、広場の真ん中で、きちんと坐って見送ってくれた。チビのほうは、車の通っているあたりまで追ってきて、私を冷や冷やさせた。

ホシが見せる複雑な感情の動きは、驚くばかりであった。私のことを注意深く観察しながら、次々と自分のやり方を変えていくところなど、犬にはとても真似ができないだろう。

最初、私の帰りを、ホシは自分で見張っていたが、間もなく、その役を娘のチビにさせるようになった。

チビは、大まじめな顔で、まるで置物のように坐っている。駐車場の囲いのブロックの上とか、お堂の欅の前とか、目立つところにいるので、こちらもすぐに気がつく。目があうと、チビはぱっと立ちあがり、〈帰ってきたよ!〉とばかり大声をあげる。

　ホシはしかし、このやり方も変えてしまった。私が坂下からの道を通って帰ったときや、一日中家にいるときに、これではまずいと気がついたのだ。そこでホシは、坂の上の見張りはチビにまかせ、自分は玄関先で待ち伏せることに決めた。待ちくたびれて、諦めて、帰っていくところに、廊下で出会ったこともあった。そんなとき、ホシはちらっと私を見たきり、用はないという顔で通り過ぎようとする。

「ごめん。おそくなっちゃって。でも、今日はいいものがあるの。戻ってきて」

郵便受けに坐りこむチビ

ホシの連れあい，のら親分

頼むようにいうと、ホシは、わざといやいやそうに戻ってくる。

〈まあ、それほどまでにいうのなら〉

と、威厳をつくろって見せる。

チビはチビで、見張りに飽きてのぞきに来たら、かあさんがもう先にいて、食事中だったというわけである。それからというもの、チビは、玄関先に置いた郵便受けの屋根の上に坐りこみ、ときどきカタカタならしながら、私の帰りを待つようになった。のちのち、大きくなってからも、チビはよく郵便受けの上にのっかっていた。また、あるとき、ホシはのら親分をつれてきて、私に紹介した。どうやら、ホシの新しい連れあいのようで、その顔の大きいことといったら、まるで、ふくらし粉をいっぱい入れた蒸しパンみたいで、毛並みはねずみ色に近い灰色だった。これが、大きさに似合わず、意外なくらいおとなしい。ホシやチビに遠慮しているところが、ありありと見えた。

夏も間近になって、ホシのお腹はまた大きくなってきていた。

## モデルの猫たち

新しい仕事場での猫たちとのつきあいは、次第に親密の度を増していったが、私自身、まだ、〝猫日記〟を記すまでには至っていなかった。

一九八五年の秋になって、手帳に、はじめて、猫についてのメモが記されるようになる。

十一月三日（日）
チビ、外で眠るとき、わざわざ私の足もとに寄ってきて眠る。
鉛筆をくわえて逃げるが、くわえてまた戻ってくる。

といったように。

猫たちを写真に撮りはじめたのが、このころだった。――というのも、ちょうど、子ども向けの動物記全五巻を出版する話がまとまって、そのなかに、わが家にやってくる猫たちをモデルにした一冊を加えようと思いたったからである。

このころ、ホシは二度目（チビの次）の出産を終えて、ミイコ（牝）とムク（牡）の二匹を育てていた。賢いホシは、このたびは二匹を残して大丈夫と、状況判断をしたのだろう。

ミイコは、鼻のまわりと、くびから胸もとにかけて真っ白で、胴は白地に黒のマーブル模様、すらりと尾の長い美しい猫だった。気性は激しく、なかなか度胸もあって、この年の五月末はじめてのお目見えに連れてこられたときから、ちっとも人をこわがらなかった。ミイコは、つりあがった大きな目で、まっすぐ私をみつめた。そして、次の日からは、ドアが開きかかると、隙間から細い腕を差し入れて、早く早く！　と催促した。

一方、ムクは、額にオレンジ色の星のマークを、母猫からひきついでいるが、何となく冴えない感じのキジ猫だった。昼間はおそろしく用心深いくせに、夜になると、いやに人なつっこくなるのがおかしかった。

どの猫も、撮影には実に協力的だった。――というより、猫たちは、それを、私と一緒に楽しむゲームのように思っているらしかった。

ジャックさんの車の前にホシとミイコが坐っているところを、撮っていたときのこと、あと一枚、同じポーズで、露出を変えて撮ろうとしたところ、猫たちはすでにその場を

ミイコ

ホシ

ムク

離れていた。思わず私は、腕をふりながら、「はい、もう一回」と、相手が猫だということを忘れて指示をだした。すると、どうだろう。ホシは戻ってきて、前と同じポーズをとってくれたのである。ミイコはわけもわからず、ただ母猫のする通りに従った。『猫の散歩』の映画撮影のときのことを、私は思いだした。猫は注目されることが好きなのだ。人間のスターなみに、いい気分でフィルムにおさまる猫がいても、別に不思議はないのかもしれない。

マンションの正面階段の赤煉瓦が、バックとして映えるので、私は、本の表紙用のカラー写真を、そこで撮ることに決めた。

いつもドアの前に置いてある、猫たちお気に入りの郵便受けを階段に持ちだすと、すぐに、ミイコが、喜んでそばにやってきた。ミイコは、郵便の取出し口から中へ入り、半ばこわれてパクパクになった屋根を頭で押しのけて外に出てくる。猫も私も夢中になった。

撮影の最中、一階と二階の住人が顔を覗かせたが、にこにこしながら、そっと奥に引っこんだ。

階段の郵便受けと猫の写真は、こうして本の裏表紙を飾ることになったが、知人の一人はこれを見て、そんなところに郵便受けの置いてあること自体、不自然だと非難した。その写真が大いに気に入っていた私はびっくりしたが、いわれてみれば確かにその通り

見張りをするチビ

である。しかし、猫が、こんなにも自然な姿で、セットしたものの前でカメラに収まってくれたことも事実なので、私は猫に申しわけない気がした。

チビもまた、負けずに、私を、自分の縄張りに案内してくれた。そこは、ごみ捨て場の裏の高い塀で、チビはひらりととびのると、動きを止めた。“高いところからの見張り”の写真も、こうして出来上がった。チビは、なかなか絵になる猫だった。

このころのチビは、母親のホシとあまり変わらないくらい大きくなっていた。チビはなかなかまめな性格で、しきりに姉さんぶりを発揮した。妹たちがミルクを飲んでいるあいだ、せっせと頭をなめてやり、また、器に入れた食べものを、口でくわえだしては、家族の前に並べてやるのだった。

モデルのチビ（その1）

モデルのチビ（その2）

そんなチビを、しかし、ホシは明らかに疎ましげな苦い顔で見ている。できれば、もう、よそに行ってもらいたいのだ。これは、なにもホシに限ったことではなく、子がひとり立ちできるようになると、母猫はさっさと自分から離れていく。あれほどかわいがって連れ歩いていたわが子なのに、寄せつけまいと威嚇して追いはらう。ただし、子のほうはなかなか親離れができないでいる。

飼い猫では、このあたりの事情はかなり違ってきて、母と子の関係はもっと親密に長くつづく。次の子が生まれたあとも、前の子が一緒に乳を飲んでいることがよくある。今いるハリーは、生後五か月（人間の年齢に換算して九歳）になっても、まだ乳離れができなかった。

野猫の場合、いつまでも親にくっついていられては何かと都合がわるい。また、早く自立させておかなくては子のためにならないのだ。

私の朝の散歩に、猫たちがついてくるようになった。また、部屋の中に、ときどきミイコだけが入ってくるようにも……。チビも、本当は入りたいのだが、なかなか、ふんぎりがつかずにいた。

この年の日記から、日々の記録に混じって、猫たちのことが記されるようになった。

一九八六年一月一日（水）

昨夜おそくの年越しソバで、すっかり胃の調子が狂って食欲なし。

いつもの時間に猫たち現われる。猫に正月は関係ないかと思ったが、彼女らにとっても正月はあった。人通りはないし、のんびり自由に外を歩けるのだ。それに、食べものは私のところに来れば、たっぷりもらえるというわけ。

ホシと一緒の別所坂の散歩は楽しかった。

どういうわけか、チビが姿を見せない。このところ、ホシと仲がわるくなっている様子。チビも年ごろになって、ぐあいのわるいことでもあるのかしら。ときどき見かけた立派な牡のトラ猫は、今日はいない。ジャックさんの車のレストランも休業中。

一月二日（木）
チビ、ムク、ミイコの三匹と一緒に朝の散歩。別所坂を下るが、正面からマンションには行きたがらないので、また坂をのぼって戻る。

一月七日（火）
チビは私が好きなのだ。おそらくはミイコよりもずっと。それなのに家の中に入る決心がつかないのだ。誤って一度閉じこめられたときの記憶が、今も心から消えないのだろう。ミイコは要領よく入ってきて、ひと眠りしてまた出ていく。ドアの外にチビがいると、ミイコはひるむ。それほど、このときのチビは、嫉妬に狂ったこわい顔をしている。猫は私の言葉がわかるらしい。

一月十三日（月）
「あんまりミイコがうるさいので、〝少し静かにしなさい〟と怒って、〝わかったらニャンといいなさい〟といったら、ニャンと返事をし、すごすごドアから出ていった」と、電話で友だちに話したら、その話はできすぎているといわれてしまった。
しかし、ちっともそうではない証拠に、もう一つ。少しうるさすぎるから、「チビ、どうにかしてよ」といったら、なんと、チビにはそれがわかったのだ。チビは、私の言葉を聞くや否や、ミイコの頭に、ガガッという声をだして嚙みついて、黙らせてしまった。同じようなことが以前にもあったことを思いだした。
このところ、チビはあまり食欲がない。ムクがさっぱり姿を見せない。

一月十五日（水）
午前中の光線で、絵になりそうな場所をみつける。モノクロの写真にふさわしい、線と光の美しさ。そのなかに、ホシかチビを坐らせてみたい。

ミイコ、家の中に入ってきても落ちつかない。つかまえて抱きあげたら、前足がふるえているので、なだめてやる。同じ抱きあげるにも、こちらの気持次第で、爪をだすときもあり、のどを鳴らすときもあり、なかなかデリケートな反応を見せる。

一月十八日（土）

ミイコはどうしてあんなにかわいいのかしら。そうして、チビはどうして、このごろ、にわかに食が細くなってしまったのかしら。食べ方もずいぶんのろのろして、わきからミイコにとられてしまう。

猫たちが帰っていくとき、たまたま掃除のおじさんと出会ってしまった。チビは一目散に階段をのぼって逃げていった。ミイコは鳴きながら私の方へ走って来、抱きあげると、私の肩に手をおいたまま、振り向いて、チビの逃げていくのを気にして見送っていた。

ミイコ、部屋に入ってくると、ストーブの真ん前でからだをあたためている。まるで毛に火がつきそう。背中をあたためて、さて出ていくとき、ちゃんと、ニャンと挨拶してからいなくなる。

チビがドアの外で私を呼んだとき、ミイコは大喜びの歓声をあげて、家の中からチビに応えた。〝今、なかにいるんだよ〟と。そのこと自体、チビは面白くないので、とまどった顔をしている。

第四章

# ふえていく猫

## 牝猫・牡猫

いつのまにか私は、ローレンツ博士のいう、「猫の生活に深く立ち入りすぎた人間の友人」の一人になってしまっていた。

一九八六年三月二十一日（金）

ドアをあけたら、牡猫が真横を向いてきちんと坐っている。いつも私に追いはらわれている猫だ。また追うと、壁の角から顔だけだして私をみつめる。互いに見あって、どちらが先に目をそらせるかとがんばったが、猫の勝ち。まったく珍しいことに、今日はホシが家に入ってきた。ミイコが先に立って、つき当たりの部屋の納戸の隙間からくびをだして、ホシを呼んでいる。しかし、ホシはすぐ気を変えて、外に出ていった。

何となく、わが城をのっとられそうな感じ。

三月二十六日（水）

チビとミイコとホシと、みんな牝なものだから、牡猫が集まって大変。さかりのついた牡猫は奇妙な声で鳴くから近所迷惑だ。手桶で水をあびせて退散してもらう。そうして静かになるのは、ほんのいっときで、またうるさくなる。こちらは風邪気味なのだが、しかたなく、午前二時半、水をかけてまわる。

黒猫二匹、黒白の斑のやくざふうのが一匹、おっとりした風格の黒縞一匹、それに蒸しパンのような薄ねず色のがいて、威嚇の声をあげ、私をにらむ。ちっともこわくはないけれど、隙を見せたらきっと私を襲うだろう。飼い猫らしい茶トラは鈴をつけている。シャム猫のきょうだいもいる。計八匹。いや、それに白の一匹を加えて九匹。全部がミイコをねらって追いかけている。

家に入ってきたミイコ、しばらくおとなしくしていたが、そのうちに声変わりがして、ドアの外に向かって鳴きたてる。あけてやると、奇妙な声をあげながら、牡を追いかけ、低い姿勢で這うようにしていく。ずいぶんと積極的になったものだ。

ミイコ、黒猫と交わり、そのあと、家にとびこんで狂ったようになる。手がつけられないので、しばらくそっとしておく。やがて落ちついてきたと思ったら、私の胸に顔を埋めて、たいへんな甘えよう。下におろしてもおろしても、膝にのぼって甘える。ミイコは、はじめてのその喜びを、私と分かちあいたかったのだ。

牡と牝との交わりの壮絶さは、まさに、生きものの生命力そのものを感じさせる。人

美しいミイコ

ミイコを狙う
牡猫たち
（上・下）

間と違って、それが彼らの生きる目的、生きる喜びのいちばん重要な部分だということが、実感として受けとめられる。

「牡は繁殖の季節になると、自分の行動範囲の中に、成熟した牝が何匹いるかをちゃんと知っており、牝猫から、いつラブコールがかかるか待機している」。また、「発情した牝猫の尿の中には、牡をひきつけるにおい物質（フェロモン）が多量に含まれるようになるので、嗅覚の敏感な猫にはすぐそれとわかり、テリトリーを越えて、何匹もの牡が集まってくる」と、小暮規夫獣医師は『ねこなんでも110番』（主婦の友社刊）のなかでいっている。さらに、そのフェロモンを感じとるのは、猫の、鼻と口のあいだを結ぶ細い管の中にある特別な感覚器、鋤鼻器《じょびき》であると推論し、研究六年の結果を氏は学位論文で発表した（朝日新聞、一九九一年五月四日）。

牝猫は、生まれて六か月もすれば子を産むことができるそうで、ミイコは、前の年の九月末か十月はじめには生まれていたから、充分、母猫になる資格はあった。

ちなみに、猫の妊娠期間は、猫の種類に関係なく平均六十三日である。だが、そうした事実を、当時の私は知らなかった。

四月に入ると、チビのお腹が大きくなった。はじめての妊娠で、顔の表情にも母猫らしい考え深さが加わって、チビは一段と魅力を増した。しかし、気が立っていて、どうしようもない。ミイコが無邪気に寄っていくと、怒って、前足でミイコの頭をかかえこんで噛みついている。おかげでミイコの左頬は血だらけなのだが、それでも平気で寄っていく。このままだと、チビに殺されてしまいそうな気もするが、当の猫たちにはそれほどのことではないらしい。

食事のとき、チビは食べ方がおそく、ミイコは早い。ミイコはただちにのみこんで、すぐ、チビのを横取りにいく。このときのミイコの表情ときたら、目がつりあがって真剣そのものだ。

このころ、毎週日曜になると、きまって、猫たちの捕ってきたお土産が、ドアの前に置かれるようになった。それは、キジバトだったり、ネズミだったりした。日ごろお世話になっているお礼の気持というわけなのか。日曜の朝は人通りが少ないので、猫たちも、ここまで運んできやすいのだろう。

鳥の羽毛が散らかっていることもあったが、屍体の損傷はほとんどない。頸動脈を牙でしっかりくわえて、致命傷にするためである。そのせいか、くびのところが折れたようになっていて、何ともいたましい。スケッチしたあと、それを薄紙に包み、箱に入れ、私は庚申堂の木の根元に埋めに行く。

夜になると、いろいろな猫たちが、どこからともなく、庚申堂の周辺に集まってくる。そのなかには、ふだんあまり見かけない猫も混じっていた。こんなときの猫たちはひそやかで、くつろぎながら互いの存在を確認しあっているというふうに見える。

世界中で、猫についての最も詳しい研究者の一人といわれるライハウゼン教授は、「あらゆる点で猫は仲間を必要としていて、単独では生きようとしないことを確かめた」といい、牝猫たちの夜のパーティや牡猫クラブの模様について観察している（U・クレバー著『動物のことば入門』、どうぶつ社）。

それによると、牝猫たちはある種の社交パーティに列席し、昼間争った猫たちでさえ親しそうにして、いかにも楽しげな雰囲気が、そこには漂っている。静かなパーティは真夜中近くまでつづき、牝猫たちは黙ったまま散会するという。

また、牡猫の場合は、組合とかクラブのようなものがあって、新しく牡猫がその地域内に移住してきたり、そこで育ったりすると、クラブに加入するように誘われるのだそうだ。その採用試験は、喧嘩を繰り返すことで、一年近くもそれがつづいた結果、牡猫クラブに仲間入りを認められ、会合にも出席することができるのだ――という。

牝猫と牡猫がそれぞれのグループに分かれて集会をもつことは、私も知らなかった。

四月半ばを過ぎ、チビのお腹はますます大きくなったが、赤ちゃん猫はなかなか生まれなかった。ただ、夜じゅう、チビは玄関のドアの前に陣取っているようになった。

それからまた、一か月が経った。

五月十四日は、午後からの雨が次第に強くなり、夕方には、文字通りの土砂降りにな

牡猫たちの集会

った。あまりひどい雨なので、猫たちのために、段ボール箱を玄関のドアの外に置いてやった。玄関前は、ちょうど外壁が囲むような形になっていて、しかも、そんな箱を置くだけの余地もある。むろん、通行の妨げにはならない。しかし、これだって、猫嫌いの人にとっては目ざわりになるらしく、うっかりしていると、たちまち、管理会社に通報がいく。

段ボール箱には、すぐにミイコが入った。チビは、思慮深い目をして、廊下の角のところからこちらを見ていたが、間もなく姿を消した。寝る前に、もう一度、ドアをあけて見たら、そのときもミイコだけが入っていた。

# 赤ちゃん猫を運んでくる

五月十五日（木）

朝、きれいに晴れる。段ボール箱を片づけに出てびっくり。箱の中に、なんと、生まれて間もない赤ちゃん猫が一匹、入っているではないか。イエネズミくらいの大きさかな。三毛である。頭ごと四角い木型で抜いたビスケットのような形をしている。手足なんぞ、割箸よりも細く、ちぢかんでいた。箱の底にへばりつくようにしているのを取りだして、猫たちに「誰の子？」ときいても、みな、知らん顔。そうして、さも嬉しそうに、さも愛《いと》しそうに、小さな赤ちゃん猫のまわりを回って歩いた。

お乳の張りぐあいからみて、チビではないかと思い、押しつけても、迷惑そうにして、どこかへ行ってしまった。しかたなく、家に入れてミルクを与える。ミルクに浸した綿棒を口もとにもっていくと、上手に吸う。

名古屋の泉さん（註・学友で、彼女の次男は動物病院を経営している）に電話できいてみたら、子猫用のミルクというのがある由。

雑誌「動物たち」の編集者に問い合わせたら、買って持っていくといってくれたので頼む。彼は手まわしよく、赤ちゃん猫用の粉ミルクのほかに、哺乳壜セット（壜洗い用のブラシまでついている）と二十日以降の離乳食用ミルクも買い求めてきてくれた。しめて四千三十円也。

早速やってみると、よく飲む。しかし、哺乳壜から飲んでくれたのは二回だけ。あとはいやがって、口をかたく結んでしまい、どうしようもない。お湯で湿したティッシュで肛門をなでてやると、おしっこも、うんちもよくする。固形食はぜんぜん食べていなくても、黒い糸のようなうんちをする。

生まれたて、はえたての三毛は、輝くばかりに美しい。とびはなれてついている耳はピンクの貝殻のよう。鼻と口のあたりもピンク、それが、貝細工という名の花の花びらのように可憐だ。のど元は、まるで、お菓子の求肥《ぎゅうひ》のよう。爪はすきとおったこよりの先っぽ。鳴くときは、全身笛になったようで、よくもまあ、こんな大きな声がだせるかと思うほど。満足して甘えるときの鳴き方は、鼻声になって、ブーブーと鳴く。

タオルにくるまって静かにしていたのは半日ほど。あとは異常を感じてか、箱の中を這いずりまわり、しまいには箱から出てしまう。また、私の手の中にいるときはおとなしいが、そうっと箱に移しても、敏感に察して大声をあげる。

また、やたらとくびを振る。まるで上蔟《じょうぞく》前のお蚕さんみたいだ。そのために、ミルクがうまく口に入らない。無理に飲ませようとすると、口をかたく食いしばる。そんなときは、開かない目も、くいしばる（？）といった感じで、それなりにこわい顔になる。ミルクは楽しく飲みたいらしい。私の指をチュクチュク吸うので、それにミルクを垂らしてやって、何とか飲ませる。

夜中、二時間おきに鳴くので、起きてミルクをやっても、なかなかうまくいかない。タオルも、入れてやったぬいぐるみも肌のぬくもりとはほど遠いらしく、一緒に寝てやったら、おとなしく眠る。かわいいので飼ってやりたいとは思うけれど、これでは人間生活に差し支えてしまいそう。仕事ができなくなりそう。

午前二時近く、赤ちゃん猫を抱いて母猫を探しに行く。どうもやっぱり、チビらしい。だが、喜んで寄ってきても、すぐ立ち去ってしまう。

午前六時ごろ、やっと、いつもの猫たちの場所で、チビが横になったところへ、赤ちゃんを押しつける。そんな子知らないよ——といった素振りを見せるのへ、無理やり押しつけると、やっと赤ちゃんをなめてくれた。

そのまま赤ちゃんをチビに預けて、ミイコと私は物かげへ——。のぞいていると、チビは赤ちゃんをくわえ、また、くわえなおして、いつもの猫の道に入っていった。大成功！

ともかく眠いので、ミイコはほったらかして、ベッドに入った。子猫の甘いにおいのするベッドも、こうなると、なつかしい感じ。

チビは、赤ちゃんを私に預けたかったのかな？

だが、これだけではすまなかった。

二週間ほど経って、チビは、今度は、三匹の赤ちゃん猫を、私のところへ運んできたのである。赤ちゃん猫たちは、まるまると育って、かわいい盛りになっていた。三匹ともお揃いのキジ猫で、最初の三毛はいなかった。三毛は育たなかったのだろうか。私が気に入ると思って連れてきたのに駄目だったから――と、かわりに別のを連れてきたといったふうだった。

このときのチビほど、美しく、颯爽としたチビを見たことがない。彼女は、はじめて母猫になった自信と誇りに満ちていた。私が子猫を抱きあげているあいだ、チビは、自分の胸元をせっせと勢いよくなめていた。さも自慢げで、嬉しくてしかたがないようだった。

それなのに、私ときたら、近所への気兼ねで頭がいっぱいだったのである。このときのことを思いだすと、今でも胸がキリキリ痛む。私は、そんなチビの気持を裏切ってしまったのだ。この日の日記に、次のようにある。

五月三十日（金）

久しぶりのクラス会が、桜木町の小さな中華料理屋で開かれて出席。

帰宅したのは午後六時半ごろ。ドアの前になんと、チビそっくりの赤ちゃん猫が三匹、からだを寄せあって坐っている。もちろん、チビもいる。ミイコもいる。顔見せに連れてきたのだろうが、こちらは近所への気兼ねに胸がどきどきする。はて、どうしたものか。考えながら家に入って服を着替え、外に出てみたら、チビとミイコがいなくなり、赤ちゃんも二匹になっている。一匹を抱きあげたが、これはとてもおとなしい。つぶらな目を見ひらいて、こっちをじっとみつめる。顔をあおむけたままの無理な姿勢で、よく、くびが疲れないと思う。

別の一匹は、こわがって、あとずさりしたかと思うと、階段の手摺りの隙間から、あっという間に三階までまっさかさま。見に行くのも恐ろしかったが、恐る恐る行ってみると、もういない。消えてしまった。無事だったかと心配になる。

残った一匹を部屋に入れて、抱いたまま友人に電話。そのあいだも、子猫は顔をあおむけたまま、鳴きもしないで私の方をみつめたまま。そのうち、動きだしたと思ったら、カーテンのそばに行って、自分でくるまっている。

雨も降っているし、今夜だけ預かろうかと思ったが、赤ちゃん猫は、そうそうおとなしくはしていない。しまいに、ベッドと壁の隙間に頭から落ちこんでつかえてしまう。もがきもしないで、そのまま動かない。どうにもひきだせないので、ベッドを動かして、やっと救出。とても泊めてやることは無理そうだ。抱いたまま外へ出て、チビのいそうな隣の屋敷の庭まで行く。

やっぱり、チビはいた。すぐ姿を現わしてくれたので、赤ちゃんをわたす。そうしたら、チビは赤ちゃんをくわえて、私の家の方へ戻っていってしまった。途中、上階の犬の散歩に出くわして、チビは動かなくなる。私のほうは犬の注意をひきつけるのに大苦労。飼い主ともちょっと立ち話をして別れる。

チビはドアの前で赤ちゃんにお乳を飲ませてやっていたが、私を見ると、また、いなくなった。

夜中にまた、ほかの赤ちゃん（三階に落ちた赤ちゃん、無事だった）も連れてきていたので、雨も降っているし、段ボール箱をだしてやる。その中に赤ちゃんを入れたら、チビはそれが気に入らなくて、くわえてだしてしまう。段ボール箱を盾にして、そのかげに赤んぼたちをまとめる。なるほど、そのほうが、いざというとき安全だろう。そのことに私が気がついたのは、実をいえば夜明けのことだ。

赤ちゃんたちをまとめて抱いても何をしても、チビは私を信頼しきっている様子で、まったく意に介さない。自分の毛づくろいをしている。カメラで赤ちゃんを撮影したが、チビは平気。子も好奇心いっぱい。

夜明けも近く、鳥が鳴きだす。何とか連れていってもらおうと、こちらは必死。すると、のどかな母子のあいだの空気が微妙に変わって、チビと私の関係も、ぎくしゃくしたつまらないものになってきた。

〝チビ、お願いだから、赤ちゃんたち連れてってよ〟

三匹を抱いてチビを誘うが、チビは動こうとしない。行きつ戻りつしているうちに、子は小声で鳴きはじめ、チビもごろごろ、これに応じる。雨もあがったので、隣の屋敷の草地に赤ちゃんたちをおくと、鳴きもしないで歩いて散る。チビはなおしばらく、玄関前にがんばって動かなかった。

喜びが一瞬にして消え、信頼が裏切られたときのチビの表情は、その後もずっと、私の目に焼きついて離れない。恨むふうではなく、寂しげだったので、なおさら、私は自分を責めずにはいられない。

このとき撮った、露出不足で焦点のあわない一枚の写真。これを見るのは、耐えがたく辛いことだ。写真の奥から、三匹の無心な瞳が、私をじっとみつめている。

それにしても、チビはなぜ、子のあとを追いかけていかなかったのだろう。

私が抱いて、また戻ってくることを、チビは期待していたにちがいない。ちょっとそのへんを散歩して、また一緒に帰ってくる——と。

でも、なぜ、チビはすぐに子を探しに行ってやらなかったのだろう。
それ以来、赤ちゃん猫たちの姿を見ることはなかった。

## チビの怪我

子どもを連れた乞食は貰いが多いと、昔、母からきいたことがあった。ミイコを連れたホシを見ていると、自然にその言葉が思いだされた。ミイコはなかなか親孝行で、ホシのために鳴いてやるのである。ホシは気位が高くて、鳴いて食べものをねだることは決してしない。

〝おかあちゃんが来てるの。このドアあけて、なにかうまいもの、食べさせてやって〟ミイコの独特の鳴き方はそういう意味だ。そうして、あわよくば、自分もおこぼれに預かろうというのである。ミイコはドアの隙間から、細い前足をさしこんでくる。

ミイコは食欲旺盛で、頭突きで、チビがくわえた食べものを横取りする。母親のホシも、これにあうと、しかたなしに食べものを口から離す。——と、すかさずミイコはこれを食べる。どの猫も、年下の猫にたいそう寛大なのは、いつの場合も同じだった。

ホシときたら、まったくの気分屋で、機嫌のすこぶるいいときは、私の立っている前を、すっすっと往き来してみせたりする。決して媚びることはしないが、まあこのくらいのことならという気持が目に見えて、思わず笑ってしまう。ホシには、まったく無駄な動作というものがない。嬉しいとき、かすかにニイと鳴くけれど、常に警戒心はといていない。ミルクを飲むとき、両耳のつけねにひだを寄せて、神経を外側に集中させている。

　夏の盛りになって、蟬の鳴き声は夜中もつづいた。その声が昼よりもむしろ近づいて聞こえるのは、周辺の蟬がマンションの建物に集まってくるせいだった。マンションには、至るところ、危険防止と防犯のための常夜灯がついているので、蟬は、外廊下までも入ってくる。そうして、天井の明かりにぶつかって落ち、バタバタやっている。触るとジジイいう。そんな相手を、猫たちがほっておくわけがない。前足で押さえたり放したり、おもちゃにして遊ぶ。壁にはりついて鳴きたてているのは、競争でとびあがって摑まえてしまう。

　朝になってみると、蟬の死骸がそちこちにころがっている。

　蟬の季節が終わるころには、カマキリの死骸がこれにかわるようになった。胴体をいくつにもかみきってしまってあった。気の強いカマキリに、猫もむきになったのだろう。

　一九八六年のこのころ、私はまだ自由だった。いつでも、旅行に出られたし、黒姫の山荘に滞在することもできた。ただ、留守中の猫のことが、次第に気になるようになってきた。ホシに、出かけるところを見られると、当分また留守になるのよと、いいきかせなくてはならなかった。こんなとき、ホシはかたく口を結んだまま、さびしげな目の色になり、私も別れが辛かった。

十一月になって、チビが左の後足《あとあし》をいためているのに気がついた。

十一月二十七日（木）

ミイコがひっくり返ってあまえ、私がお腹や胸をさすってやっていると、どこかでチビの声。見あげると、高い塀の上をチビが去りながら立ちどまって、私の注意をひこうとしていた。チビ、左の後足をいためていて、びっこをひきひき去っていった。後足をいためてから、もう一週間余りになる。

チビの怪我はたぶん、猫同士のケンカが原因だろうと思っていた。しかし、牡ならともかく、牝がケンカで怪我をするのはちょっと考えられないことではあった。もしかしたら、崖をとびおりるとき、誤まって足をくじいたのかもしれなかった。

ある日、マンションの裏階段の隅に、コンクリートの小さな破片が、いくつも集めて置いてあるのに気がついた。私は、はっと思い当たった。それは猫嫌いの人がしたことにちがいなかった。――ということは……チビの怪我もたぶんそうなのだ。

猫たちは用心深く、人前で目立った行動をとろうとしない。しかし、外出から帰ってくる私をみつけると、我を忘れてとびだしてくる。そうして、はでに喜びの声をあげながら、廊下を走ってついてくる。そんなところを、きっと、誰かに見られていたにちがいない。

その年も暮れ、正月が来ても、チビはまだびっこをひいていた。

正月十二日夜になって降りだした雪は、大雪になった。

一九八七年一月十三日（火）

大雪のあとのまぶしい朝の光。あまり寒くはない。猫たちも、さすがに来るのが大変らしく、今日は来ないなと思っていたら、八時半過ぎになって、ミイコだけやってくる。ハアハアいいながら食べる。

日だまりで、無理して鳴くとき、くびの両側がへこんで白い息がもうとでる。声にはならないで。

チビの後足まだなおらず。陰鬱な感じである。

牡の白猫が、いかにもいとしそうに、ミイコが食べる様を、手を組んで、ゆったりと眺めている。ミイコが落ちつかないで、ときどき横を向くのは、シロがいたからだった。

まがり角から、蒸しパンのような大きな顔を半分覗かせたのは、美しいキジの牡猫で、口のまわりだけが白い。それで、いかにも気のよさそうな感じに見える。事実、そうなのだ。〝おじさん〟と、綽名《あだな》をつけてやった。私を見ながら、おじさんは片目をつむって見せる。シロと、ミイコをとりあう感じ。
シロに水をかけようとしただけで、シロは逃げる。おじさんは、そら見ろというように、シロを見送る。まさか、自分には水をかけたりしないだろうと、こちらに背を向けている。それに、どしゃっと水をかけたら、ミイコが、ほんとにこわそうな顔で私を見た。私をなじっている顔だった。

集まってくる牡猫は、このほかにも、どこかの飼い猫らしい、くびわに鈴をつけた臆病な茶トラや、凄みのあるキジ猫のきょうだいなどがいた。前の年の同じ季節にやってきたのと、だいたい同じ顔ぶれであった。

三月七日（土）曇後雨、夜になって雪
昨日の暖かさとうってかわって冷えこむ。
ミイコはまったくおかしな猫で、自分の交尾の前後の様子を私に見せたがる。牡が周囲を気にし、私を気にし、落ちつかないでいるのに、媚態を示して牡を誘う。やっとのことで、〝おじさん〟が、ミイコの右耳のつけねをかみ、前足を肩にかけて押さえこむ動作。ミイコは、交尾しやすいように、お尻を、まさにまるだしにして這いつくばる。

　終わると、ミイコは大声をあげ、相手の顔をひっかく。とびはなれて、あとは自分ひとり、からだを床にこすりつけて、喜びの表情を示す。私は思わずいとしくなって、ミイコをなでてやるのだが、牡は、私が何をするかと心配そうな顔つきで、じっとみつめている。ミイコに何も害を与えないことがわかると、ほっとした和んだ表情にもどる。ホシとチビも、ミイコを眺めている。

　ミイコはしばし、家の中に入って休むけれど、少し経つと、また、アーオアーオと奇妙な叫び声をあげて、牡を呼びながら外へ出ていく。ホシとチビは、しようがないといった顔つきで、ミイコを眺めている。ミイコは相手が誰だろうとまったくおかまいなしである。

　夕方近くから雨になり、雪に変わる。

三月八日（日）晴
　二日つづけて朝の食事に来なかったミイコは、今朝は、母親のホシと、姉のチビといっしょにやってきた。チビのお腹が大きくなっているのに気づく。
　ホシにあまえようとしたミイコは、いつになく邪険にされて、しょげてしまう。チビもまた、ミイコが近寄ると、うなって寄せつけない。それなら家の中にでも入れてもらおうか——という顔つきで、ミイコが入ってきそうにしたので、ドアを閉めかけたら、何とも恨めしそうな顔になり、スゴスゴと退く。かわいそうになって、じゃ、少しだけ入ってなさいと、家に入れてやった。

ミイコは、ベランダのそばの陽当たりのいい場所で、少しのあいだ、のんびりしていた。私が花に水をやったり、洗濯ものを干したりしはじめると、ミイコは起きあがって出ていった。

五月二日（土）晴

ミイコのお腹、大きくて、もうそろそろ生まれるころ？ どうしよう。名案は何もない。夕方、お使いに行こうとすると、階段を降りてなおしばらくついてくる。あまったれのミイコ。

夜、ドアの外にホシひとり。白い人形のようなものが落ちているので、おやと思ったら、なんと、それはホシにつかまったヤモリだった。ヤモリは死ぬと、こんなに色が白くなるのかと思ったが、よく見たら、裏返しになっていたからと判明。手袋をはめたような両手をひろげたまま、胴体しか残っていない。気味がわるい。

三階で、ひらひら動く赤ちゃんヤモリをみつけた。すると、さっきの死骸は、この子のかあさんだったのかしら。覗きこむと、タイルの目地の影の中に自分のからだをとけこませる術をすでに心得ていて、動かなくなる。ごみ捨ての帰り、また見たら、小さな手足と短いしっぽをひらひら泳がせて、かくれ場所を求めてどこかへ逃げていくところだった。母ヤモリを探しに行ったのかもしれない。

チビが私をみつけて玄関までやってきた。夜の猫の瞳は大きく輝いて、光をみんな集めている感じだ。

チビの妊娠に気づいたのが三月八日のことで、いつか、チビは元通りのからだになっていたが、赤ちゃん猫のほうは、さっぱり姿を見せなかった。最初の私の仕打ちにこりたのだろうと、胸がうずいた。あるいは流産したのかもしれない……。

だが、そうではなかった。子猫はしっかり丈夫に育っていたのである。そして、チビはまたもや全員をひきつれて、私のところへやってきた。

## 束の間の山荘暮らし

五月五日（火）晴

朝早く、チビ、赤ちゃんを三匹連れてくる。目はあいていたが、まだまだ小さい。

今回は、灰色・キジ・茶トラ——と、色も模様もばらばらだった。
明後日、黒姫に行こうと思っているのに、これでは困る。

「つれて帰って」といったら、一匹を荷物のようにくわえて、階段を降りていく。しかし、そこから先が大変だ。一メートルの垂直のコンクリートの壁を一気に昇ると、そこは細長い植え込みで、後方は大谷石の石垣だ。その石垣の上に、大使館との境の高い塀が聳えている。約二メートルの、ほぼ垂直に近いコンクリート塀と、さらに二メートル余りのコンクリートブロック塀である。最初のコンクリート塀さえ昇れれば、そこから猫の道を通って大使館の庭のジャングルに入っていける。チビは、ねらいを定めてコンクリート塀をかけ昇ろうと何度か試み、そのたびに、もう少しのところで落ちる。見ていられないので、こちらも手伝うことにした。

「赤ちゃんを私にかして。チビは上にまわって受けとりなさい」

チビはよくわかって、その通りにする。私は背のびして、やっとのことで赤ちゃん猫を塀の上に押しあげる。そのくびをくわえてチビはあとずさりし、大使館の庭へ消えた。

ほかの二匹は家の中に入って、鏡台のうしろにかくれていた。それを連れだして、前と同じ要領で塀にのせる。チビは子を上手に誘って大使館の庭へ——。ところが、残りの一匹の灰色猫を置くとき、向きを間違えて置いたので、反対方向へ走りだして

コンクリート塀の上のチビと子猫たち

しまった。あわてて、「そっちじゃないヨ」といったのだが。

灰色猫は、今度は、私の手の届かない、もう一段上にとびのってしまう。乳のみ子とは思えない敏捷さだ。チビは黙って見ていたが、諦めて去ってしまう。

　赤ちゃんはそのまま三時間余りもそこにうずくまっていた。余裕しゃくしゃく、毛の手入れなんかして、そのうち眠ってしまう。さすがに心細くなって鳴きだすころには、くたびれて後足が落ちかかる。しかたがないので、三階の服部さんにお願いして、生《せい》くんの虫捕り網をかしてもらい、それですくうようにして向きを変えてやった。たちまち道を思いだしたのか、ひとりで走っていったが、角をまがって行き過ぎてしまう。思わず、服部さんと私が、「あっ、そっちじゃない！」といったら、立ちどまって、ちょっとこっちを見て、正しい方向に向きを変え、無事、大使館の庭へ――。覗いてみたら、そこは、建物から遠く離れたジャングルのようなところ。大木のうしろが見えた。

ひとまず事件も落着し、五月七日の朝、私はその年はじめての山荘行きを決行することにした。決行というのもおおげさだが、猫のことがあるので、つい、こんな心境になってしまう。

ところが、チビも然《さ》る者、いち早くそれを察知して、朝の五時ごろ、再び赤ちゃん猫を連れてやってきた。しかも、赤ちゃん猫は一匹ふえて四匹になっている。――ということは、前回は、三匹までつれてきたところで私にみつかったのである。

ちょうど新聞配達が来て、赤ちゃん猫は散り散りに逃げだし、大騒動になってしまった。前のときと同じように、チビに赤ちゃんを運んでいってもらい、そのあと、よくよくいいきかせたら、きちんと正座してうなだれていた。きっと、理解したのだろう。それでも心配なので、三階の服部さんに、留守のあいだのことをお願いしに行った。

「いいですよ。赤ちゃん猫を見たら、塀の上にのせておいてあげますから」

服部夫人は、にこにこして約束してくれた。おかげでやっと、予定通り、私は黒姫に行くことができたのだった。

　信越線の車窓から、桜が満開の軽井沢の景色を楽しみながら、私はときどきチビのことを思っていた。これまでは、こんなふうに、留守中の猫のことを思ったりはしなかったものなのに。それが、今はどうだろう。山荘に落ちついてからも、私は気になって、猫たちの様子を電話で服部さんに尋ねる始末だった。

　明るい声が、電話口で猫の無事を伝えてくれた。

「ネコちゃん、大丈夫ですよ。午前六時に行ったら、大きいのが二匹いて、お向かいのドアのところとお宅のところと、離れて坐っていて……」

　話の様子で、ホシとミイコにちがいないと思った。

「母猫（チビ）のほうは、昼間いなくて、夕方ごろひとりで現われて、そのまま夜もずっといたようですよ。ご主人の帰りを待っているんですねえ。涙がでてきてしまって……」

　私がいないものだから、子猫は連れてこず、チビだけが様子を見にきているのだろう。こちらもつい涙ぐみながら、猫の魔力はたいしたものだと思う。それにしても、私の助力を求めたくても、不意に何日もいなくなるのだから、つくづく罪深い気になる。

　黒姫山麓の春は、いつもながらすばらしかった。

　チチチュ　ヒーホーヒー

チチチュ　ヒーホーピイア

木の梢で、鳥たちは、まるで自分の声にききほれてでもいるように、ときどき調子を変えて楽しんで鳴いている。

山荘に来て三日目の夜、東京の服部さんから電話があった。昨夜は何度もわが家のドアの前を見まわったけれど、相変わらず、赤ちゃんは連れてきていなかったという。午前一時にはご主人が見まわったとか。ホシが、まるでわかったよというように、ニャーとひと声鳴いて立ち去ったけれど、そのあと、また戻って、玄関のドアの前に来ていたそうだ。

電話で猫の様子をきき、私もやっと落ちついて、束の間の山荘暮らしを楽しむゆとりができたのだった。

黒姫に来て一週間経った五月十三日の朝、私は猫の声で目がさめた。ホシかチビだと思い、一瞬、東京の家にいるかのような錯覚をおぼえた。雨が降っていた。

気になって、午前八時、服部さんに電話をすると、昨日、チビが子猫をくわえてやってきて、ちょうど来あわせた服部さんが、「まだ帰ってないよ」といったら、そのまままた、くわえて帰っていった由だった。

その日は私の帰京の日に当たっていた。もうそろそろ帰る時分だと判断して、チビは昨日のうちに子を連れてきたのだろうか。

責任の重さを感じて、私は少々憂鬱になった。

こんなふうに、旅先で猫の声に起こされることは、その後もよくあった。ホテルの上階の室内にいてもそうだった。こちらが忘れかけているときに、声が届いた。

## 真夜中の猫たち

どんな動物も、赤ちゃん時代はかわいいが、子猫のかわいらしさはまた格別だ。好奇心に満ちた大きな目を見ひらき、ふかふかな産毛を日に輝かせている。そうして、ただもう、生きていることが嬉しくてたまらないといった様子で、はねまわる。

母猫も子猫が自慢で、目に入れても痛くないといったかわいがりようだ。乳をのませ、からだじゅうなめてころがす。

母猫のグルルという声をききわけて、子猫は実に、よくいうことをきく。「じっとしておいで」といわれれば、いつまでも息をひそめてじっとしている。

ある日、たまたまセールスの女の人が来て、子猫が三匹玄関先にいるのをみつけ、「まあ、かわいい」と、二匹をまとめて抱きあげた。灰色の子猫はたちまち逃げだし、行方不明になった。

母猫チビは、二匹の子猫を待たせたまま、四時間近くも灰色を探していた。風の音にまじって、灰色の声はとぎれとぎれにしていたが、なかなかみつからなかった。

チビは、夜のあいだだけ、子猫を全員ひきつれて、わが家の玄関のドア前に居つくようになった。朝になると、ハンガリー大使館の方に帰っていく。子猫を塀の上にのせてやるのは、もっぱら私の役目である。チビは、子猫のいる場所を、私のほかの誰にも知られたくないらしかった。ホシは、だいたい予想はついているといった顔で、知らぬふりをしていた。

子猫を見るのが楽しみで、私は深夜もときどきドアの外に出ているようになった。

五月十九日（火）

午前一時半、寝そびれて、子猫を見に。

子猫たち、声もださずに、じゃれあって遊んでいる。めまぐるしくて、ねずみ花火のよう。変に肩をいからせて、横向きに歩いていく。――と、次の瞬間、相手におどりかかる。なんとなく猿を見ているようでもあり、黒めがねのおにいさんを見ているようでもあり。無邪気で、なんともいえずかわいい。子猫、排水孔のつまりをかきだしてくれた。

〝子を見る母猫〟をスケッチする。

午前五時半、鳥肉のそぼろをつくって、猫たちにやる。親子で喜んで食べる。そのあと、子猫をつかまえて、塀の上にのせる。そこが猫の道。食後のお化粧の最中をつかまえたのは、こちらの気が急《せ》きすぎたせいで、かわいそうだった。チビもびっくりした模様。

真夜中の猫は、ぜんぜん声をださないから、近所の人も気がついていなかっただろう。子猫たちもよくしつけられていて、その点では完璧だった。

子猫は生後三週間ぐらいになっていた。人間でいえば三歳児というところである。面白いのは、子猫が相手に向かっていくときで、背をまるめ、肩をいからせ、しっぽを横にしながら、変にからだを突っ張らせる恰好だった。互いに自分の側面を相手に見せながら、前後左右を走ってまわる。そして、ついにとっくみあいになる。

おとなになったときの縄張りや階級をめぐる争いの予行演習を、母猫やきょうだい相手に、遊びの形で行っているのだった。

互いに見合っている感じといい、まるく半円を描きながら相手の隙をうかがう様子といい、土俵でとりくむ相撲を見ているようだった。

この独特の猫の姿勢は、おとなの猫が、最も強力な敵に立ち向かうときの捨て身の姿勢である。それを、ちっぽけな子猫が遊びでしているのは、何ともいえずかわいかった。

遊び疲れた子猫は、揃って母猫の乳を飲みに行く。チビは幸せそのものの表情で、ゆったりと寝そべっている。

マンションの住人が活動しはじめる時刻になると、親子は揃って姿を消した。

この先、どんなふうになっていくか、私には見当もつかない。ただ、責任はずっしりと肩に重くのしかかってくる感じであった。

そして、猫は――、猫のほうでも、この先どんなふうにしていこうかと、考えをめぐらしていたのである。どうすれば、自分たち家族にとって、最も理想的な生活を営めるだろうか。そのためには、どうしたらいいか。

チビは、その方法をみつけ、ただちにそれを実行に移した。

五月二十五日――、寒いような暑いような日だった。朝早く、チビが、いちばんかわいい子猫一匹をつれて、私のところへやってきた。まるまるとふとって、目が大きくて、どうしてこんなにかわいいのかと思うほどだった。両目の上にオレンジ色の斑紋のあるキジで、これが、のちに私のところに居つくようになった〝コロ〟である。

チビは離乳後、この子を私の手に委ねたいらしかった。選ぶ基準は何だったたか。人間から見たかわいさは問題ではないはずだ。いや、私がその子猫をかわいいと思っていることを、たぶんチビは知っていて、〝私のお気に入り〟を特に選んでつれてきたのかもしれない。

しかし、おそらくは、それが牝猫だったからではないかと思う。——というのも、生まれてくる牝牡の比率は、のちにコロが出産した例でいえば、一回目は四匹とも牡、二回目は牡四匹、牝一匹、三回目は牡三匹、牝一匹、不明一匹であり、牝の生まれる確率はずいぶん低かった。猫社会にとってみれば、牝はそれだけ貴重な存在ということになる。のらの母猫が、最後に一匹残すのも牝なのである。

さて、チビは、私がドアを開けると、自分から先に家の中に入ってきて、子を呼んだ。子猫のコロは用心して、玄関のたたきのところに坐ったまま動かない。そのうちに、ホシやミイコがやってきたので、チビはあわてて外に出た。

コロは、ミイコの長いしっぽをおもちゃにするが、それを、ミイコは恐ろしい顔で追いはらう。チビだけに特別待遇をすることは、とてもむつかしい。そのむつかしさをチビもよく知っていて、仲間のいないときを見はからっては、子猫のための食べものを貰いにやってきた。

あるときなど、子猫用のアジをチビに渡し、彼女が走り去ってやれやれと思った途端、すぐ傍らにホシがいるのに気がついた。ホシは厳しい目をして、坐ったままこっちを見ていた。「あら、いたの？」といってしゃがんだら、ホシは、「いたともさ」とでもいうように、私のまわりをぐるっとまわって見せた。「わたしゃ、なんだって、お見通しなんだよ」と。

「わたしの子育てのときは、こんなみっともないまねはしなかったよ。人に頼らなくたって、ちゃんと立派に育てあげたんだからね」

乳離れしかけの子猫たちは、育ち盛りの食べ盛りなのだろう。六月に入ると、母猫チビは、うるさいくらいにしつっこく、ドアの前で私を呼ぶようになった。出ていくと、喜んで、訴えるように鳴く。食べものをやって、「行きなさい」というと、勇んで猫の道をかけのぼっていく。

子猫たちが、揃って、塀の上に元気な姿を現わしたとき、私は、心配がいよいよ現実のものになったことを感じた。あの子猫たちが、自分の力で、垂直な塀をかけおり、あるいは回り道をしながらやってくるのは、もはや、時間の問題だった。

茶トラとキジのきょうだいが、子猫のホシをつれてきたのは、ついこのあいだのことのような気がするのに、もう、ホシの孫の代が育っている。なにしろ、生後六か月で出産が可能で、年に三回も子を産み育てる猫のことだ。人間とは大幅に、時間の経過が違う。しかし、それが現実のものとなってみないと、なかなか実感としてわからないものである。

チビは相変わらず、コロだけをつれて、私のところへ通ってきた。そうして、ドアの外にコロをおいたまま、自分だけ帰っていったりした。どんなふうにいいきかせてあるのか、こんなときの子猫は、母猫のあとを追わずに、ドアの前で鳴いて、中にいる私を呼ぶのである。出ていくと、階段のかげから、耳をひらたくしてこっちをこわごわ見あげているが、逃げることはしない。抱きあげてもおとなしくしている。

チビが、いくらこの子を私に預けたくても、そういうわけにはいかないのよ――と、私は子猫を抱いたまま、いつもの塀のところまで置きにいく。猫なら近道をトコトコ走っていけるけれど、こちらは遠まわりしてのなかなか厄介な道なのだ。子猫は鳴きもしないで、大使館の庭へ帰っていく。

猫たちに見こまれ、彼らの社会に深入りしすぎてしまった私は、この先どうしたものかと、途方に暮れた。しかし、目の前に展開する猫たちの行動は、そんな心配を忘れさせるほど興味深く、子猫は無邪気で、ただただかわいかった。

ともかく、私ひとりの手に負えない気がしてきたことは事実だった。そんなとき、思わぬ味方が現われた。南西側の、独立した棟の三階に住む森島さん一家である。中年の夫妻と中学生・小学生の二人の女の子という四人家族で、一家中動物好きであり、特に猫は大好きという。キャロットという名のシマリスを、部屋で放し飼いにしていた。

赤ちゃん猫、見たいんですけれど……と、声をかけられて、じゃ、チビが子に食べものを渡すところを一緒に――ということになった。

「時間はいつも夜の九時ごろなんです」

「そのころでしたら、夫も帰ってきてますし、下の子は寝る時間で、私もちょうどいいですわ」

しかし、チビのほうは、こちらが二人になったことで、にわかに警戒する様子を見せた。

六月三日（水）

「昨日はチビが赤ちゃんをつれてきて、置いていってしまったんですよ」

階段のところで、森島夫人に出会って、そういった。

チビは自分のことをいわれているのを知っていて、何となく浮かぬ顔。ミイコはそばで、やたらと私にあまえている。

旅行で留守のあいだ、森島さんに肩がわりしてもらえたらと思い、何とかチビがなつくようにしてやりたい。ところが、森島さんが「チビ」と呼んでも、チビはそっけない態度。私が「チビちゃん」と呼んで、森島さんがまねして「チビちゃん」といったら、何と思ってか、チビは背を向けて去っていくフリ。申しわけなくなってしまう。

夕方から、ミイコ、元気なくなる。食欲もない。吐きっぽくなっている。

チビは元気で、子猫たちに食べものを運んでやっている。

## 子猫の教育

六月七日（日）晴、風強し

チビ、子猫に、塀の上で鳥肉を食べさせている。子猫、あやまって落としてしまう。突然、肉が消えたのに驚いて、親子で一所懸命探しているのがおかしかった。

ミイコの姿、さびしそうなのが気にかかる。チビが食べものを運ぶ姿を見送りながら、黙って去る。

ミイコの子猫たちはどこにいるのだろう。

六月八日（月）晴、風強し

ホシは、チビがよそへ食べものを運ぶのを見ると、嫉妬で狂ったようになる。横取りしようと追いかけていく。それで、チビは、ホシが見ている限り、絶対に、子のところに食べものを運ばなくなった。やればやるだけ、その場で食べてしまう。そうして、私が床に水をまいてブラシをかけて、しばらくすると、おずおずやってきて、子に食べものを運びはじめる。

基本的な感情においては、人間も猫も同じだ。

〈赤ちゃんにごはんの時間よ〉と、チビの催促の声。

「だって、そこにホシいるんでしょ」と、私。

待ちきれなくなった子猫が一匹、塀の上に出てきていた。ホシにはミルクなどやっておいて、その隙に、焼いたアジ一匹、チビに持たせる。ところが、なんと、チビは運んでいく途中、石垣の下でアジを食べはじめてしまった。それでも、半身は残して、それをくわえて塀をさっとひとのぼり。

子猫、安心して、先にちょこちょこ歩いて、いつもの場所に消える。嬉しさが、小さいからだにあふれていて、足どりも軽く——といったふう。

誰かが、アイスクリームの器に水を入れて、猫の通路に置いていた。飲み水不足で、猫も苦労のはず。

六月九日（火）風強し、むし暑い

ミイコのぐあいわるそう。食べるようにはなったが、昼ごろ来たときは、大儀そうにチビのからだにもたれかかって横になっていた。目に力がなく、声もしゃがれている。くびに、すじのような、くくったあとのようなくびれがある。なでてやると、あまえる。チビが嫉妬してミイコをひっかき、耳をかむ。かわいそうじゃないの——と、チビをとがめたら、前足の爪がのぞいて、不機嫌そうな顔になった。

ミイコを動物病院につれていこうかと思いつつ、いったん家に入ってからまた出てみたら、ミイコの姿どこにもなく、チビだけになっていた。のどが乾くらしいので、粉ミルクをといて与える。

六月十日（水）雨、梅雨入り

こんな雨の日、子猫たちはどうしているだろうと思うけれど、梅雨の晴れ間に、緑の光の中をはねまわっている三匹の元気な姿が垣間見えた。灰色猫なんか、緑に染まって見えるほど。

母親らしくなったミイコ

朝、チビは子猫に食べものを持っていこうとして、足がすべり、塀の途中から落ちたので、いつもの道をやめにして、ほかの道に変えた。子猫たち、親の鳴き声を頼りに迷っているのがわかった。

子猫の離乳も、いよいよ大詰めに入っていた。母猫の気配りときたら大変なものである。なにしろ、危険いっぱいの環境のなかで子を育てるのだから、このくらいでないと駄目なのだろう。チビの健気さに、できるだけのことをしてやりたいと私は思った。のちにわが家の飼い猫になったコロは、要領よく私に育児の分担をさせ、自分は息ぬきに遊び歩くことをしたものだったが。

六月十三日（土）梅雨空

今朝のチビ、ホシたちと食事の最中、ふと思いついた目つきになると、ひとり、階段を降りていった。そこで、グルルルルと、子を呼ぶ。

ところが、少し時間が早すぎたせいか、子猫たちは姿を現わさない。チビ、諦めて戻る。

ドア前に水を流して掃除のあと、チビに「もっていく？」というと、そうしてみるという素振り。焼いたトビウオの半身を渡すと、それをくわえて塀の上にひらりと。子猫、ニイニイさかんに鳴きながらやってくる。そこをカメラでうつす。

二度目にまた、トビウオを少しやったら、今度はチビ、いったん塀の上で子猫と出会い、ご馳走のにおいをかがせただけで、くわえたまま、塀から降りてしまう。そして、下から子猫たちを呼ぶ。

〈ご馳走はここよ。降りていらっしゃい〉チビ、カメラでねらっている私をちょっと振り向きながら、〈そこでそんなことしているから、子猫たち来られないのよ〉という目つきである。

結局、子猫たちは上からニイニイいうばかりで降りてこないので、しかたなく、チビはもう一度、いつも通りに魚をくわえて、塀の上を大使館の方へ、子猫たちをひきつれて姿を消した。

子猫の教育も新しい段階にはいったところだった。しかし、親のチビだって、昇るのに苦労する場所である。子は、降りるときは降りてこられても、昇れなくて、大騒ぎになるのではないか。そのたびに、こちらは近所をはばかりつつ、食事のすんだ子猫たちを塀の上に押しあげてやらなくてはならないかもしれない。本当は足場をつくってやればすむことで、おあつらえ向きに古い材木もそこらにある。材木を斜めにさしかければ、子猫はそれを伝っていくだろう。しかし……。

今朝は珍しく、ホシがチビに頭を押しつけて親愛の情を示していた。だが、これも、実は私に見せるための動作のような気がしてならない。そう思ってみると、ホシのお腹が少し大きいような気がする。

六月十四日（日）曇
降りそうで降らない天気。

チビ、子猫たちを下に呼び寄せようと一所懸命。塀の上にのぼったかと思うと、また下に降りて、持ってきた食べものを食べる素振り。そのうちほんとに食べたくなって食べてしまう。子猫おこって、上でニイニイ呼んでいる。勇気をだして、前足を下にのばしかけ、やっぱりこわいので諦めてしまう。

今日はホシの頭をたたいてやった。私の手をひっかいたからだ。「もう、あんたなんか嫌い」というと、ホシは逃げていく。逃げていったと思ったら、一巡して、また別の道からやってきている。「どこかに行っちまいなさい」と、どなると、また、ひょこひょこ逃げていって戻ってくる。そんなことの繰り返しを三度もやって、しまいはゲームのようになった。私の見幕におどろいて、チビはそばで見ていたが、じき、どこかへ姿を消した。

ドア前に気配がするので、チビかと思って、隙間からいいものを渡したら、なんとホシだった。親子だから、やっぱりよく似ている。これでホシとも仲直り。

灰色猫は、すばらしく美しい艶のある毛並みになった。額のMのマークが際立っているので、名前を〝エム〟とつけてやった。

六月十五日（月）曇後雨
午後九時過ぎ、森島夫人、絵里ちゃん、里子ちゃんたちと、チビが子猫にご馳走を持っていくところを一緒に見学。チビに、森島さんの手から食べものを渡してもらう。かなり分厚いカジキマグロを焼いたのだったが、チビがそれを運びあげるや、エムがさっさととりあげて、ひとりでくわえて走っていった。チビもこれには呆れた様子。牡猫が、運搬途中のチビをねらったり、母猫の苦労は並大抵のものではない。私が牡の注意をひきつけているあいだに、チビはやっと子猫のところに——という一幕もあった。

六月十八日（木）
元気のいい子猫が一匹いて、塀の上からジャンプで、下まで一気に降りる。私を恐れるが、母猫チビが、大丈夫、大丈夫（グルルル）となだめると、警戒をといて、そばまでやってくる。チビによく似たかわいい子。

その勇気のある子猫は、以前、チビがつれてきてわが家の玄関先に置いていった〝コロ〟だった。子ぼんのうなチビは、コロには特別目をかけていた。

チビは母性愛が強く、子猫に非常に寛大で、育て方がうまかった。けじめもちゃんとあって、だらしなくあまやかしたりはしない。考えながらいろいろしている様子には、目をみはるものがあった。

崖から降りてこられるようになったコロ

あるとき、石垣の下の植え込みで、チビがコロに食べものを与えているところを見た。コロが食べきれなくなると、チビは、余った分をほかの子猫たちに運ぼうとした。お腹がいっぱいのはずのコロは、また欲しがってくわえとろうとする。それを片手で押しのけながら、チビは、食べものを口の中にすっかり入れてしまう。コロは、とれないので諦めるよりしかたがない。チビは口に含んだまま、塀をかけ昇り、ほかのきょうだいに持っていってやるのだった。

また、チビは、子猫が土の上でころがして土まみれになった食べものを、草の上でころがして、なめて、綺麗にしてやったりもした。

チクワの切れはしを、子猫がころがして遊んでいるときも、すぐに取りあげたりはしない。充分遊ばせておいてから、それをほかの子たちに運んでいた。
ミイコにも、子が三匹生まれていた。

# 第五章　ミイコの分家

# ドライ・エリア

三階の森島さんのお宅は、夏でも自然の涼風が部屋を吹きぬけて、気持がいい。四方に開口部があるためばかりでなく、南西側のドライ・エリアが、涼風を運んでくるのである。

ドライ・エリアというのは、一階から三階までの両端の棟に設置された吹き抜けのスペースで、三階から見下ろすと、こわいようなコンクリートの絶壁だ。

崖をえぐって建てたこのマンションは、三階でも、裏の北西側は半地下になっている。それで、通気を充分にし、湿気を防ぐため、隣接地との境に、大がかりな吹き抜けスペースを設けたわけだった。この絶壁の上が猫の通り道になっている。

マンションの北西側は、各戸とも、浴室と四畳ほどの納戸になっていた。両端の棟は、納戸の二方に窓があるから、独立した小部屋として充分使うことができた。森島さんのところは、小部屋の南西側の窓の外に、ほんのわずかだけれど小さな庭があって、八つ手などが植わっていた。地形上生まれた、余禄の貴重な庭である。

「飼う気になれば、小屋を置くところがある」と、日ごろ、森島夫人がいっていたのは、このことだった。

庭の正面は当然塀である。この塀につづいて、ドライ・エリアの絶壁に移るわけで、終わりは迂回しながら低くなり、ゴミ置き場の塀につながっている。猫の好みに適った道を、わざわざ人間がつくってやったようなものだった。

ところで、このドライ・エリアの絶壁を通りながら、猫が、誤って足を踏みはずすことがある。一階の谷底まで落ちると、落ちたところは袋小路のようになっていて、逃げ場がない。猫は必死にジャンプを繰り返し、爪をたてて垂直の壁をのぼりきろうとするけれど、これはとても無理な話で、人間の助けが必要になる。

その後、二度ばかり、私も頼まれて、猫の救出に行ったが、どの猫も、骨折どころか傷一つなく元気だった。もちまえの平衡感覚で、身を回転させ、上手に着地するからだろう。

しかし、一階の住人の身になってみれば、ずいぶんと迷惑なことにちがいない。猫の落ちてくる窓際の部屋は夫妻の寝室で、ちょうどベッドの枕もとになっていた。猫が、真夜中、突然降ってきて、コンクリの壁をガリガリひっかいて、とびあがったり落ちたりしているのでは、おちおち眠ることもできないだろう。

「こうたびたびじゃ、何とか対策を講じなくては」

と、その家の主婦は溜息をつく。

「下まで落ちてこないように、上の方に網でも張ってもらったらどうかしら」

ドライエリアの上の猫の道（チビ）

ドライエリアの上のミイコ親子

「でも、網にひっかかった猫をすくいとるのは、もっと大変じゃないですか」と、私。鉤《かぎ》のような爪で吊床の網にしがみついている猫を想像すると、まったく恐ろしい感じである。雨でも降ったら、どうなるだろう。

名案は誰にも思い浮かばない。そこで、つい、私はいってしまう。

「今度また、猫が落ちてきたら、いつでも遠慮なくおっしゃって下さい。救出に伺いますから」

相手の顔に、いかにもうんざりという表情が浮かぶのも無理はなかった。

一九八七年六月二十日（土）大雨

大雨の中、疾風のごとく、チビ現われる。なかなか食べものにありつけない子に、チーズのひとかけらを最後に運ぶ。

森島さんが、「ミイコが今いるから、見にいらっしゃいません?」と、呼びにこられた。行ってみると、小部屋の窓の外の庭に、ミイコがいた。こうもり傘をさしかけてもらって、ちゃっかり坐っている。子猫は、キジが一匹と、からだは黒縞で鼻のまわりから胸もとにかけて白い、ミイコにそっくりのが二匹。白い部分は降りたての雪のようにまっ白だし、鼻と口もとがピンク。三匹とも母親似の長い優美な尾をうけついでいる。

「ミイコ。こんなとこに来ちゃって」というと、母親らしく、ウ〜〜〜となってみせた。

チビのほうは、雨の中をぬれながら走りまわっている。

森島さんがかわいそうがって、塀のところまで食べものを置きにいってやる。途端にはじけたように、子猫は逃げていく。チビは不快な表情ながら、二、三歩戻って食べものを拾い、子に与える。

ミイコのかわりに、チビに来てもらいたかった——と、森島夫人、しきりに残念がる。ほんとうに、その場所は、猫にとって居心地のよさそうなところ。しかし、ミイコの選んだ場所なのである。

大雨の中、チビの子猫たちは塀の上にならんでいる。

チビは、私の与えた肉をいったん塀の上に運んでおきながら、また、それをくわえてかけおりて、私のところへ戻ってくる。戻りながら、グルルルと、子猫を呼ぶ。つまり、食べものにつられて、子猫たちが私のところへ避難してくるように促しているのだ。

森島夫人、何とかチビを保護してやりたい気持で、段差のある、塀と給水タンクのあいだを往ったり来たり。その気持もわからなくはないけれど、過保護にすると、チビの野性味は失われて魅力が一つ足りなくなるのではないかとも思う。

それにしても、ミイコの子を誰かに貰ってもらわなくては。

猫騒ぎで落ちつかない。

牡の白猫がやってきたが、自分の立場を知っているといったふうで、チビたちと友好的。私が見ているのを知ると、塀の上をあとずさりで、そろそろ逃げていく。まるで、リモコンで引っ張られているようでおかしかった。牡猫は大きすぎて、塀の上で向きを変えることができないのだ。

六月二十一日（日）晴
子猫は塀の上から降りるのになれて、爪をたてながら滑り降りてくる。その遊びが気に入って、何回も繰り返している。

早朝五時過ぎ、雨もあがって、チビは、隣家の屋根の上から塀の上にとびおりたり、子猫とたわむれたり、元気なところを見せてくれる。

新聞配達の女の子が、チョッチョッと舌を鳴らすと、子猫は目をまんまるくして、そっちを凝視する。

私も塀の真下に行ってみたが、そこはチビのテリトリーで、人間のほうから近づかれることは、どうも面白くない様子が、はっきり見てとれた。

チビは、子猫たちといるときは、ホシやミイコが来ると威嚇し、子猫がいないとき

ミイコと子猫たち

は、ホシやミイコと一緒に食べるのが好きらしい。
ミイコの子たちが、給水タンクのところまで出てきて、しきりにじゃれあっていた。しかし、ミイコは、子が寄ると、ちょっとなめるといった程度で、チビの子ぽんのうさとまったく違う。子を呼ぶグルルルという合図もだすけれど、それほどに情がない感じ。
チビの子たちは、互いになめあったり、重なりあって暖をとりあったり、互いのしっぽにじゃれついたり、すべて塀の上でそれらをしている。
チビの子とミイコの子と、上と下とで顔を見あわせていた。猫の世界では、高いところにいるほうが、上位（文字通り）なのだ。

チビの子が三匹、ミイコの子が三匹、母猫たちを入れて合計八匹、それにおばあちゃん猫のホシを入れると九匹になる。これでは、いくら母猫が目立たないように気をつかっていても、自然とマンションの住人の目につくようになってしまう。

五階の家では、毎晩、飼い犬ウィリーの散歩を欠かしたことがない。それが、猫たちの集まっている時刻とよく重なる。ウィリーはおとなしい犬だが、なにしろ大型種のコリーである。飼い主を従えて、階段の幅いっぱいの感じで、ゆさゆさ降りてくるから、そのたびに猫たちはまごついて、ちょっとした騒ぎになる。

もう一方の、東側の階段を使ってくれれば問題はないのに、そうはしなかった。それだと、五階の明るい外廊下を通ることになって、人目に立つからだ。すぐに階段を降りて三階の暗い廊下に出てしまうほうが、何かと安全なのである。早く外に出ようというわけで、飼い主は犬をせかしながら出てくるから、なおのこと、猫をけちらすぐあいになった。

一度、チビが、ウィリーの鼻をひっかいたこともあって、近所づきあいのうえにも、何となくひびが入りそうな感じがあった。

ともかく、これ以上猫の数をふやさないために、ミイコのほうだけでも、避妊をしておいてやったらどうか——と、森島夫人がいい、私も賛成した。

森島さんは、早速、代官山の動物病院をみつけて、獣医に会って頼んできた。
「のらですか？　連れてこられますか？」と、医者はいったそうである。

## 病気のホシ

森島さんも私も、チビの家族とミイコの家族のことで頭がいっぱいだった。とてもジャックさんのようなわけにはいかない。それも猫たちのほうで、私たちにそれぞれの責任分担を振り当てたようなぐあいになっていた。

ミイコの子の名前は、キジ猫の牡が〝タイガー〟、牝の二匹が〝ユキ〟と〝ハナ〟に決まった。ミイコは美しい猫なので、子猫たちはいずれも器量よしだ。ほっそりしたユキは、仙女のような感じだった。ハナはぬいぐるみのようで、こちらは見るからに弱々しかった。それで、森島さんが、ハナだけは家の中にときどき入れてやっていた。

ホシについては、私たちは、あまり気にかけていなかった。猫の正常な生理からいえば、まだこれからも子を産む可能性はあるはずなのに、そのほうの心配もしていなかった。ホシはたぶん、私たちをこれ以上困らすことはしないだろう。そんな気があった。

ホシが、茶トラとキジの牡猫きょうだいにつれられて、はじめて私のところにやってきたのは、一九八二年か三年のことだった。あれからまだ四、五年しか経っていないから、人間の年齢に換算すると三十歳代の半ばになったばかりということになる。しかし、ホシはひどくくたびれた姿になっていた。

ホシの顔をつくづく見ると、ひげはすりきれているし、まつげは白いし、こわい目をしていた。のら生活の苦労が、その顔ににじみでていて、小さいころのかわいい顔を思いだすと、その変わりようは驚くほどだった。

ホシが横坐りに坐っているところは、まるで、くたびれた古い着物を着ているようだった。皮膚がだぶついているからである。

およそ健康とはいえない状態なのに、私はあまり心配もしていなかった。猫のことをよく知らないうえに、ホシの孫まで生まれて、そっちにすっかり気をとられていたし、孫が生まれればおばあちゃん――と、そんなふうに、勝手に思いこんでいた。このころの日記にも、〝年寄りのホシ〟などという言葉がでてくる。まだ三十歳代半ばの、盛りだというのに。かわいそうなホシ。

このころ、ミイコと一緒に生まれ、チビの弟にあたる牡猫ムクが、生後一年（人間の十五歳ぐらい）にもなって、くたびれたホシの乳くびを吸っているのを見かけた。ホシはあまり歓迎しない様子で、途中で、ゆっくり坐りこんでしまった。猫という動物は、母猫の乳房に異常なほど執着する。飼い猫の場合、一年経ってもまだ乳くびを吸っている。

この年の夏、私は七月八日から二十三日までを黒姫山荘で過ごした。

七月八日（水）

まったく久しぶりの黒姫である。

猫のためもだいぶある。出発前のチビは、口をしっかりむすんで、森島夫人の言葉を注意深くきいていた。

車中、よく眠ってしまった。

駅に着くと、風が違うという実感。黒姫の風が吹いていた。

こちらへ来ると、することがだいぶ違ってきて、農協ストアで買ってきたヤリイカを料理して、おさしみにしたり塩辛につくったり。自分でも思いがけないことをする。

原稿用紙をひろげたが、まだ気がのらない。

七月十三日（月）
はっきりしない空模様。
家のまわりの木の剪定。枝がしげって暗すぎるので、少し明るくしようという考え。ついでに小径をつける。パチンと切るたびに、新芽のでている枝が「痛い」という。
夕方、珍しく、大工の村松さんが来訪。

カッコーの声。

ヒグラシが鳴く。

ガスがたちこめて、車のライトがにじむ夜。

七月十七日（金）

相変わらずお天気わるく、室内は涼しいが暗い。しかし、そのおかげで、原稿の進みぐあいはいい。

朝と夜と、猫のことで東京より電話あり。

東急コミュニティ（管理会社）より文書が来て、猫に食べものを与えるなら、保健所に取りに来てもらうという強硬な通達があった由。

東京に帰る日が近づいてからの、この報《しら》せに、私はすっかり気が重くなった。保健所では猫を引き取りにくるようなことはしないとわかっていたものの、忠告というよりは一種の脅迫に近い感じをうけた。

留守中、何かよほど目に余ることでもあったのだろうか。

しかし、糞尿も、近くのお堂や空き地、ハンガリー大使館の庭のジャングルなどで用を足し、土をかけて始末をするから、これはあまり問題がない。ひょっとして、一階の庭に入りこんでしたのだろうか。ごみ置き場の生ごみを散らかすのは、まず、ホシたちの所業ではない。これは、坂下の駐車場あたりにたむろする猫たちの仕業である。ごみ容器の蓋をきちんと締めることを怠って、人間はすぐ猫のせいにする……。

ホシ一族と親しくなって、これだけ話が通じあうようになった今、相手が猫だからといって、とても無下にはできなかった。つい先だっても、ラジオの〝自作を語る〟の番組で、ある作家が話していたではないか。

「猫はこの世が人間だけでないことを思いださせる動物として大事な存在である」と――。

あれこれ思い悩みながら帰京したが、マンションでは、見た目に格別の変化は起こっていなかった。

猫たちはいつものように、喜んで出迎えに走ってきた。ただ、チビは寡黙で陰鬱な表情に変わっていた。

「いくら、猫にえさをやるなっていったって、あんな大雨の日、赤ちゃん猫が雨にうたれているの、目の前で見ていて、ほうっておけないじゃありません？」

森島夫人は憤慨した口調でいう。梅雨のころミイコが避難してきたときのことをいっているのであった。ミイコの家族は相変わらず、森島宅の小庭を根城にしている。毎日顔をあわせていれば、情が移るのは当然である。私はチビがかわいそうになった。

黒姫から帰って二週間後、今度は講演旅行のため、八月六日から十二日まで、私は愛知県と香川県に出かけなくてはならなかった。猫たちにとって生憎《あいにく》だったのは、この同じ時期、森島さんのところの家族旅行、秋田行きと重なってしまったことである。

「たった一週間ですもの。何とかやっていくでしょう」

猫の食べもののことなら、ジャックさんがいる。いざとなれば、猫たちはそっちへかけつけていくだろう。

猫の時間と私たちの時間はずいぶん違うのに、そのことを、私はあまり考えていなかった。一生の時間が短いぶんだけ、猫は早く年とるわけで、私たち人間より、はるかに濃密な時間を生きているともいえるのだ。人間の一週間分は、いったい、彼らの何日分に相当するのだろうか。そのあいだの猫たちの寂しさを、私はそれほど思いやっていなかった。一週間ぶりに帰宅して、はじめてそのことに気がついた。

帰宅すると、すぐ、コロがとんできた。大きな声で鳴きながら――。出かける前と違って、ニャーオと、猫らしい声がでるようになっていた。ミルクをだすと、ゴクゴク飲んで、飲み終わったらうしろ向きになって、ちょっとすねて見せた。

ホシが現われたとき、私はその変わりように驚いた。いやにほっそりと、少年のようになってしまっていた。ホシは病気かもしれなかった。

ムク（二代目）は風邪をひいて、しきりに咳をしたりくしゃみをしたりした。珍しく抱かれて（はじめて！）なでられているあいだは咳もおさまる。ホシといい、ムクといい、ちょっと目を離していたあいだに、すっかりぐあいがわるくなってしまっていた。そして、二、三日すると、今度はコロの番だった。コロが吐くところを何度か見たが、胃液だけで何もでていなかった。

八月十三日（木）晴

森島夫人に道で出会った。強い夏の光線の下での立ち話。もちろん、話題はすぐ猫たちのことに。

「（秋田から）帰ってきましたら、ホシがすっかりやつれていて、私のところにまで、声をあげて寄ってくるんですよ。ベーコンの残っていたのをやってしまいました」

「ホシ、きっと嬉しかったでしょう」

ミイコは元気でいたけれど、ユキもハナも見えないという。

「もしかしたら、死んでしまったんでしょうか」

「二、三日経ってもいなかったら、そうかもしれませんねえ」

「ムクは風邪をひいてますでしょう？」

なにしろムクは咳でむせて、ミルクさえ飲めない状態なのだ。

秋田へ出発の前日、ユキがドライ・エリアから一階まで落下して、声のかれるほど鳴いて、垂直の壁を何とか二階まで昇ったものの、昇りきれずに、一階の永野さんに助けられた由。

その夜――、隣の老夫妻の家の屋根から、ミイコがどさっという感じで、下を通る私の前にとびおりてきた。見あげると、ユキがいた。

ミイコは、久々の邂逅に喜んで、しつっこいくらい私にまつわりついて離れなかった。ほかの子猫たちが来ると威嚇した。

留守のあいだに、チビの顔つきは何となく、とげとげしたものに変わってしまった。コロがあまえようとして寄っていくと威嚇する。かつての子ぼんのうぶりを知っているだけに、不思議な気がした。

「どうして、チビ、そんなに怒るの?」話しかけると、チビは横を向いたまま、黙って私のいうことをきいている。

チビがとりわけ気にさわるのは、コロと一緒に生まれたエムらしい。エムが食べものを横取りするからだ。チビが食べているあいだは両手でエムを押さえつけていなくてはならなかった。

ホシが、ひどい皮膚病にかかっていることに気がついたのは、さらに数日経ってからだった。「疥癬にかかっている猫がいるでしょう?」と、ジャックさんもいった。

疥癬という言葉をきいた途端、私は、終戦後間もない学生寮で、一時期、疥癬の蔓延したことを思いだした。入浴もままならない不潔な環境で、一人がかかると次々かかった。これは、疥癬虫あるいはヒゼンダニともいわれるダニの一種が、皮膚のやわらかな部分、指のあいだとか、わきの下などに寄生して起こす病気で、そのかゆさといったらなかった。ダニを最初にどこかで拾ってきた一人は、寮にいられなくなって、ついに中途退学してしまった。

猫の場合は、猫専門の猫疥癬虫がいて、激しいかゆみをひきおこす。このダニは、皮膚の下にもぐってトンネルをつくり、繁殖をつづけるので、病巣はどんどんひろがり、毛が抜け、フケがたくさんでる。かさぶたをかきむしって膿瘍をつくり、症状が進行すると、皮膚は象皮様に厚くなるという。

猫の顔や耳など、この病気が頭部から始まるのは、病気の猫と顔をこすりつけて挨拶するときに感染することが多いためらしい。

ホシの頭の形は変わってしまっていた。しかし、ホシが、私の目の前でかきむしっているところを見たことはなかった。硫黄性の薬を塗ってやるといいことがわかって、ムトーハップを薬局で求めてきたものの、ホシがいやがって、それを塗るのはなかなか大変なことだった。

そのうえ、困ったことに、コロがニイニイ鳴きながらホシにからだをすりつけていく。

皮膚病がコロにうつってしまうのではないかと、はらはらさせられた。

コロは、母猫のチビにかまってもらえず、ミイコにはおどかされ、寂しくてしかたがないのだ。なにしろ、ミイコは、コロの頭を両手で抱えこんで、かみついたりする。そして、そんな最中でも、ミイコは私に向かってやさしい声をだし、やさしい顔になって見せる。

八月二十七日（木）
ホシが現われると、その低音の鳴き声で、猫たちが落ちつく。私もほっとする。
ホシはエムが好きで、エムがほしがると、口にくわえていたものをはなしてしまうほど。エムは虫もよく食べる。セミ、ゴキブリなど。

八月二十八日（金）

夜おそく帰ってきたら、大使館の前で、エムが所在なさそうにしている。

「エム」と呼ぶと、しばらく目をこらしてこっちを見ていたが、喜んで走り寄る。

「散歩しようか」「する」ということになって、遠まわりの坂道を一緒に歩いて、マンションの四階まで。ドア前にチビがいて、何となく両者恰好のつかない様子だった。

ミルクをご馳走する。珍しく、ホシもミイコもやってきて賑やかになった。近所の目にこちらはびくつく。
昨日までガチガチにやせていたコロが、少し肉もついてきて、食欲もでてきた。まだからだはやわらかい。筋肉のしまっていない感じ。

九月三日（金）
ムクの目は金色だが、多少赤みが混ざっている。ニボシをやったら、いったん口の中に入れてから、「こんなもの食えるか」といった態度で、ポイと吐きだした。憎らしいったらない。ほかのがおいしそうに食べているというのに。
コロの耳に薬をつけてやろうと近づいたら、こちらの目的をもった視線に警戒する。ふっと気をぬくと、コロも途端に安心して、あとはさわられようが薬をつけられようが平気でいる。

夏のあいだ、夜じゅう蟬が鳴き通していて、子猫たちは、蟬をつかまえては遊んでいた。かわいそうな蟬を私はとりあげて、木にとまらせてやる。しかし、こんな光景も間もなく見られなくなった。子猫たちが、次々、姿を消したからである。
最初にいなくなったのはミイコの子のハナだった。あるとき、大使館の前に、ひとりぽつんと坐っているのを見かけた。くびにむすんだ細いリボンが、なぜか痛々しく目に映った。野生にも飼い猫にもなりきれないで、母猫にも見はなされてしまった子猫。私がリボンをはずしてやると、そのまま、どこかへ姿を消した。

ユキは相変わらず仙女のようだった。何か食べているところを見たこともないし、鳴いているところも見かけなかった。老夫妻の家の屋根の上で、明るい目を空の方へ向けたまま、ひっそりと母猫のミイコにつき添っている。人間とは一定の距離をおいて坐っていて、それ以上こちらが近づくと、静かに立って居所を変える。

そのユキも、いつの間にかいなくなっていた。気がつけば、タイガーもいない。

## 次々、猫たちいなくなって……

九月はじめ、再び、一週間ほど黒姫に滞在し、帰ってくると、チビ一家とミイコたちに変わりはなかったが、ホシの姿は見えなかった。

そのホシがやってきたのは、九月二十一日のことだった。

ちょうど、買い替えの冷蔵庫が届き、私は外廊下に出て、大きな声で、運搬の道すじを指示していた。――と、突然、ホシが私を呼んだ。ホシは、ハンガリー大使館の塀に姿を現わしたかと思うと、小走りにこちらへやってきた。

やってきたのを見て驚いた。両方の目が見えなくなっている。疥癬が目まで冒してしまったのだろうか。多少は見えているのだろうか。玄関まで、ひらりとやってくると、ホシは少しいて、また帰っていった。別れの挨拶にきたのであろうか。このときが、ホシを見た最後になった。

ミイコは、チビの子たちをあからさまに嫌っていたが、どういうわけか、ムクとは気が合っているようだった。玄関のドアを細めにあけると、ミイコとムクが一緒に顔を覗かせて、もっとあけろと、前足をドアの隙間にさしこんできたりした。

ムクは美食家らしく、気に入らないものは決して食べない。おいしいものが出てくるのを、ひたすら待つ。

〈こんなところにいつまでいたって、しようがないや〉と、そんな感じで、ムクはどこかへ行ってしまった。

エムの姿が見えなくなったのは、ホシがいなくなって一週間余り経ったころだった。

エムはこのころ、ますます美しい猫になっていた。長い尾だけ、ところどころ輪っかでもはめたような縞柄で、からだ全体は青みがかった灰色だった。そのうえ、姿形が優美だった。

エムは、ミイコとすることがよく似ていて、性格もそっくりで、そのせいか、かえってこの二匹は仲がよくなかった。朝、私の散歩に一緒についてきながら、途中、喧嘩して、せっかくの楽しい散歩を台なしにしてしまう。

活発な子猫で、一度、ドアにくびをはさまれて、もう少しで危ないところだった。私をみつけると、すぐひっくり返って見せた。

「エムは綺麗でしたもの。きっと誰かに連れていかれたんでしょう」と、三階の服部さんがいった。

あの精悍ですばしこい子猫をつれていける人は、よほどの猫好きにちがいない。

ふと、ジャックさんの顔が目に浮かんだ。

こうして、チビとミイコのほかに、子猫はコロ一匹が残るだけになった。併せて八匹の二家族は、ひと夏のあいだに三匹に減ってしまった。

ミイコはさすがに寂しそうで、チビの頭に自分の頭をこすりつけて、何とか仲よくしようとするのだが、チビは怒って受けつけなかった。そればかりかチビは、コロさえ、うるさそうにして、塀から突き落としたりした。

こうしたチビの行動は、当然、次の出産の準備段階であった。母猫にかまってもらえなくなったコロが、きょうだいもいなくなり、以前にも増して私のところに寄ってくるようになったのは、当然の成りゆきだった。そのコロも、翌年の三月には、もう、若い牡猫をつれて私のところへやってくるようになるのである。もちろん、チビも、そしてミイコも——。

ミイコを避妊のため病院に連れていく話は結局そのままになっていた。一度連れていこうとして南京袋（運搬用のバスケットをまだ持っていなかった）に入れるところまではうまくいった。ミイコはそれをゲームと思い、自分から喜んで入ってくれたのである。ところが、そうでないことがわかると、途端に袋の中で暴れだした。南京袋はいろいろな形になり、そのうえ、大声で悲鳴をあげられて、とても病院に連れていくどころではなかった。

この年の秋の山荘行きは、十月二十八日から十一月四日までの滞在となった。黒姫では、いつものように、冬の準備の焚木を集めたり、床下の薪置き場の整理をしたりして過ごした。雪の降るころに、もう一度来たいと思いながら、今年はもう来られないような気がしていた。いや、それどころか、現実には、私の黒姫行きはこのときを境に、ふっつり途絶えることになる。たまに用事で出かけても、三日以上はおちおち滞在もしていられなくなってしまった。ほかでもない、猫のせいなのであった。

一九八八年三月三十一日（木）雨

朝起きたら、みぞれが降っていた。ぼた雪から雨になる。

コロ、家の中に入りたがり、玄関の絨緞に爪がひっかかって、一瞬とれなくなる。とれたと思ったら、腹癒せに、わざと二、三度、絨緞をひっかくのがおもしろかった。失敗をごまかしているのかもしれなかった。

猫たちは、牝牡まったく仲がよかった。盛りの最中は見境がつかなくなるらしいが、それを過ぎると、気のあうもの同士のカップルができあがる。そうして、私のところへ、相手を伴って顔見せに現われる。これは、どの猫の場合も同じだった。牝猫は牡猫を連れてくるし、牡猫は牝猫を連れてきて、私に紹介した。食べものが目的でないので、連れられてきたほうは、とても遠慮勝ちにふるまう。

いつの場合も、主導権は牝が握っていて、牡はそれに従う。私が、牡猫に玄関まわりをうろつかれるのをいやがると、コロもミイコも、シャーッと威嚇の声をあげ、片手をふりあげて牡猫を追いはらった。

ミイコの相手は、いなくなったミイコの子、タイガーにそっくりの毛並みの、すばらしく立派な牡猫だった。私には油断なく、ミイコにはやさしく気を配っていた。ミイコにニボシをやる。牡にもやると、彼は遠慮がちに口をだすが、ミイコにすぐゆずった。

コロの相手は、同じころに生まれた茶トラで、ジャックさんのかわいがっている猫だった。茶トラは、やさしい声で、フルフルとコロを呼ぶ。しかし、私がいる限り、コロは私のほうに来てしまう。

四月三日（日）

このごろのコロの、生活のパターン。

朝と夜と二度、ちょっとわが家に入ってきて、私の膝にあがり、毛づくろいなどして、機嫌よく十分ほどいて帰っていく。居留守をつかっても、たちまち見破られてしまう。

かつて、ミイコが子猫だったころ、やはりこんなふうに、ときどき家の中に入ってきては、また出ていったものだった。子猫のうちはそういうものだろうと、私はのんびりかまえていた。しかし、コロはミイコとは大違いだった。

ミイコは子を産んでみて、はじめて、牝猫には〝家〟が必要だと痛感したのだが、時すでにおそしというわけだった。

チビもまた、もちまえの遠慮深さから、私の家になかなか入ってこられなかった。私がちょっと迷惑そうにすると、そそくさと外に出ていった。それに、小さいころ誤まって家に閉じこめられたこわい思い出が、いざというとき邪魔をした。

コロはしかし、違っていた。コロにはちゃんと、先が読めていたのだった。

七月二十五日（月）

スーパーから帰ってきたら、コロがいつもの広場にいない。車の下かなと思って探していたら、やさしいトラ（ジャックさんがかわいがっていた猫）がとびだしてきて、ルルルルと鳴きながら一緒にコロを探してくれた。家の方に帰っていくとき、やさしいトラは私のあとについてきた。

玄関の前でコロが待っていた。トラと私が一緒に来るのを見て、コロは怒ってトラにとびかかっていった。こんなとき、双方、後足で立ちあがって、両手を使ってのはたきあいになる。

ミイコは、森島さんの家の庭で子を産んだが、そのあと、赤ちゃん猫をどこかへ運んでいってしまった。たびたび覗かれるので、落ちつかなかったのだろう。前に、子猫を一匹だけとりあげて家の中に入れたことも、きっと気に入らなかったのだろう。

ミイコは、私を見かけると、どこからか風のように姿を現わしたが、そこへコロが来ると、何ともいえない情けない表情になった。

チビもどこかで（多分、老夫妻の家の庭で――）、赤ちゃんを産んでいるころだった。

ミイコもチビも、私のところへ来たいのだが、コロが許さないのである。小さかったとき、ミイコにいじめられていたコロが、今では、いちばん強い猫になってしまった。まるで、そのときのことがうそのように、ミイコはコロに追いかけられ、逃げまわった。

コロは相変わらず、気ままに、わが家に出入りしていた。私が外出のときは、正直に、おもしろくない――といった表情に変わる。素っ気ないこわい顔だ。来客があって、家の中にいたコロを外に出すときも、同じ顔つきになる。そうして、玄関の外でずっと待っていて、客が帰るのを見ると大あくびをする。

こんなあとは、ちょっとしたことで、コロの機嫌はわるくなった。たとえば、居間にコロがいるのに、明かりを消して、仕事部屋のほうの明かりをつけてそっちに行くと、怒って鳴く。「何?」といっても、怒って鳴いている。「来ればいいじゃないの」と、立っていって抱きあげ、仕事部屋に運んでやると、やっとご機嫌がなおるといったぐあいである。

コロは、まるで、この家の主人のようになってきた。

おそらく、このころから、コロは、私の家で子を産もうと、決めていたのではないかと思う。それなのに、私はぜんぜん気づいていなかった。「あなたが猫を飼うのじゃなく、猫があなたを飼っているのだ」とよくいう、あの言葉通りになってきていたというのに――。

そのうえ、コロに限って子を産まないという、迷信じみた考えが、私の頭を支配していた。

コロは、生後一年と四か月になっていた。そのあいだ、一度、お腹の大きい時期もあったのだ。このとき、私はコロに向かって厳しくいいわたした。「赤ちゃん、産んじゃ駄目よ」と。これはまったく人間側のエゴなのだが……。

すると間もなく、コロは、ドアの前で流産をしてしまった。気がついたときは、自分で食べて始末していた。

八月三十一日（水）

コロの食欲がこの二、三日ないと思っていたら、ドアの前で、とってきた雀を食べていた。

最初見たとき、雀の脚がまだついていて、片づけようと思ったけれど、そのままにしておいたら、コロ、すっかり食べて、くちばしと目の部分しか残さなかった。落ちている羽毛を掃除する私を見て、コロは、何となく私の機嫌があまりよくないのがわかった様子。家に入りたいともいわず、野生の姿で、ながながと寝そべっている。

ツクツクボーシがはじめて鳴いた。

まだ、ミンミン蟬の勢力のほうが強い。

コロは、ときどき、わが家に泊まっていくようになった。

## 鳥のしわざ?

チビが、その夏生まれた子を、はじめて見せにつれてきたのは、八月二十六日のことだった。今回は、一匹しか育た(て?)なかったらしい。選ばれたその子猫はやっぱり牝だった。全体が灰色っぽい毛で、耳の先としっぽだけ薄茶色で、毛並みはいなくなったエムによく似ていた。まるまる太ってかわいかった。

チビが私を警戒しないものだから、子猫は、ほんとはこわいくせに、我慢して、がんばってこっちを見ている。しかし、からだのほうがいうことをきかなくて、よろけてしまう。そうして、子猫らしい澄んだ声で、リーと鳴く。名前を〝リー〟にしようかと思ったが、〝リリ〟のほうがふさわしそうな感じがしてきて、そちらに決めた。

母猫と子猫と、寄り添って歩いている、その幸せな姿を見るのは楽しかった。

リリは、しかし、コロと仲のよい牡のトラを見ると、母猫についてくるのを途中でやめて、大急ぎで逃げていってしまう。

ある夜、広場に牡猫がいっぱい集まって、チビ親子が困っているところに出くわした。チビは、牡どもを子から退けるのに奮戦中だった。私は子猫にミルクをもっていってやったのだったが、チビは、右手の牡たちを私にまかせ、自分は左手にまわって別の牡たちを追いはらった。リリはやっとの思いでミルクを飲んだ。

牡の成猫は、子猫の敵ではないか——と、このころから私は思うようになった。

私が毎年個展をする鳩居堂の島津氏も猫好きで、前に、不思議そうにいったことがあった。

「ときどき見かけるんですが……。おとなの牡猫が、まだほんの子猫を、こう、さもいとしそうに抱いて、横になっているのを。あれは、いったい、何をしているんでしょうね」

「さあ……」

私はくびをかしげた。そんな場面を見たことがなかったからである。

ところが、それから間もなく、島津氏が話したと同じように、牡猫が子猫を抱きしめて寝ている光景に出会った。猫たちは、駐車している車の下にいて、子猫は目をあけたまま、おとなしく抱かれていた。とても、いじめられているようには見えなかった。

しかし、それでもまだ、私は、牡猫が子猫を目の敵《かたき》にしていて、場合によっては殺してしまうこともある——という考えからぬけだせなかった。

マンションの外廊下に、くびをもぎとられた子猫の死骸が落ちているのを見つけたとき、これは、牡猫がやったのではないかと思った。あたりを探しても、くびの見当たらないのが、不思議といえば不思議であった。もし、くびがみつかったら、どんなにこわかったか――。

このことを、動物好きの友人に電話で話すと、「それは、牡猫がやったのよ。間違いないわよ」と、確信に満ちた声で断言した。

「生まれて、どのくらいの子?」

「そう……、一か月ぐらいかしら」

四肢の発達ぐあいから類推しながら、私はそう答えた。毛並みが、白地にオレンジ色の綺麗なマーブル模様だったことを思いだし、もしかしたら、チビの子どもだったかもしれないと思った。

「ふうん。そこまで成長していても、やられるのねえ」

電話の向こうで、友だちは考えこむふうだ。

彼女によれば、牡猫は、生まれて間もない赤ちゃん猫をみつけると、のど笛をくわえて、一気に噛み殺すのだそうである。

「わたし、見たのよ。何度も」と、彼女はいった。

あの、牡がいとしそうに子猫を抱きしめている光景とは、どうもそぐわない気がするけれど、人間にはわからない、これが猫の世界というものなのだろうか。

「いつでも、牡猫は子猫を殺すのかしら？」

「いつでもじゃないわ。恋敵の子を、そうするのよ」

友だちの返事は、あくまで明快だった。

たまたま、アメリカにいる従妹の啓子から電話があった。彼女の家では四匹の猫を飼っている。送られてきた写真には、大木のある広々した裏庭で、猫たちが、いかにものんびり暮らしている様子が写っていた。啓子からの電話は、ちょうど、牡猫が子猫を殺すかどうか問題にしていたときで、しかも電話の内容はそのことだった。アメリカのテレビで〝ネコ族の生態〟が紹介されたが、ライオンも猫も、恋敵の子は牡が殺してしまうそうで、その場面がテレビに映ったというのである。

しかし、牡猫が子猫をかわいがるのも事実なのだ。のちにコロが産んだハリーもポーも、赤ちゃん猫を、それこそ目に入れても痛くないいくらいのかわいがりようをした。きょうだいだから特にそうだとも いいきれない。成長した牡猫のいるところへ、たまたまあとから拾われてきた赤ちゃん猫が同居した場合も同じであった。

くびのない子猫の死骸は、果たして牡猫のしわざだったかどうか。その犯人がわかったのは、二年余りも経ってからのことだった。

一九九〇年は、猫たちにとって悪夢のような年で、猫伝染病が蔓延した。この年の夏、わが家の周辺だけで、いったいどれだけの猫が、ウイルス感染で死んだことだろう。私もはじめて動物病院に通うようになり、また、死んだ動物を葬る専門のお寺、犬猫霊園があることもはじめて知った。そうして、お彼岸の動物合同供養に慈恵院を訪れた際の住職の法話のなかに、図らずも、くびをもがれた子猫の話があった。

住職は、その現場を目撃したそうで、意外なことに、それは烏のしわざであった。犬猫霊園にはお供物として、犬猫の好物が持ちこまれる。それを当てにして猫たちが集まってくるが、また烏も集まる。ある日、子猫がちょこちょこ歩いているのを烏がみつけて舞いおりて、あっという間に、くびをもいで持ち去ったという。

子猫は必死で、空にもっていかれまいと、小さな手足に力をこめたことだろう。だが、その結果は、こんなことになってしまった。

大使館の庭にも、隣の屋敷の庭にも、大きな池がある。それで、いろいろな野鳥も集まる。烏もけっこう多い。ときとして、大勢の烏が喧しく鳴きわめきながら、真っ黒な集団となって、丘の上の公園と二つの庭のあいだを飛び交うこともあった。

## 猫はすごい！

一九八八年九月十三日（火）晴

今日はねぼうした。私のねぼうのせいで、猫たちの予定も狂って、チビと会っているとき、猫嫌いの五階の主人の出勤とかちあった。チビは緊張して、塀の上で〝石〟のようになる。チビには気づかず、五階の主人は出ていった。

不思議なのは、私が外廊下の端に佇むと、そのはるか彼方の隣の屋敷、重信家の生垣の隙間から、チビの顔が覗くことだ。四階のわが家からはかなりの距離（直線で結んでおよそ二十メートル）があるというのに――。視線があうと、チビは大急ぎでやってくる。但し、コロがいると、途中で動かなくなる。

私がチビに食べものを手渡すと、チビ、一目散にリリのところへ――。再び戻ってきたのに、今度はほうって与える。近くにコロがいたから。チビ、草の中のナマリブシをうまく見つけたらしい。振り向くと、四階の隣の一家が出かけるところ。チビ、ナマリブシをくわえて、フルスピードでまっしぐらに重信家の屋敷の庭に消えた。チビの心臓、破裂しそうだったにちがいない。猫嫌いの一家に子猫のリリをかくしておきたかったのだ。

十月三日（月）晴、久しぶりの快晴

夜、白いゴムまりのようにとびはねているリリ、生きているのが嬉しくって楽しくってしかたがないといった感じ。木に登ったり、母親にあまえたり、ほかの牡猫に怒られたり。

ミイコが訪ねてきたが、コロと出会って浮かぬ顔。

十月四日（火）

コロが泊まると、私はやっぱり寝つけない。枕元でごそごそされると落ちつかない。夜中に一回起きたので、今朝は寝すごした。

外に出ると、チビとリリ、親子そろってこっちへやってくるところだった。私のところに行く道を、子に教えてやっているのだ。はじめてのリリの訪問で、歓迎したいのに、コロが颯爽と現われて追い払う。

ちょうど通勤の人たちがマンションを出ていく時間とぶつかって、私も走り帰り、チビとリリは散り散りに走ってかくれた。

戻ってきたチビの機嫌すこぶる悪く、せっかく出かけていったのに、朝のいい気分を台なしにされてしまったと、耳を後方へ伏せて怒っている。

そこへリリが走ってきた。ナマリを見せたら、のどの奥まで見えるほど大きく口を開けた。ピンク色の綺麗な口の中に見ほれた。リリ、はじめて口で食べものを受けとった。それにしても、こんな大口を開けて受けとるなんて。

成猫は、開けるか開けないくらいにして、パクリと受けとることに、今さらながら気づく。

十月十三日（木）快晴、風強し

ともかく、猫はすごい！

リリがだいぶ大きくなってきて、それでもまだ母が恋しい年ごろで、ちょっと行方がわからなくなると、大声で鳴いて呼ぶ。食べものがおいしいと、アウアウアウと声をだすのは、コロの小さいときとそっくりだ。コロが、リリをねらうので、チビは怒る。

ところが夜になって、コロが外に出ていったあと、チビ、ドアの前にがんばって動かなくなった。ドアを細目にあけると、隙間から母子で前足をさし入れてくる。

今度はコロが帰れなくなる。私がかばって呼んでやって、やっと家に入る。ところがコロ、外が気になってしかたがない。コロはチビたちを追いはらいにとびだしていって、今度はほんとに帰れなくなってしまった。

しばらくして覗いてみたら、チビとリリ、からだを寄せあって眠そうにしている。またしばらくして覗いてみたら、リリだけ残して、チビは姿を消している。〝おるす番しっかりね〟と、たぶんいいつけたのだろう。リリ、少しこわそうにしながら、ひとりでそこにいる。

チビとリリ

コロはどこかへ見えなくなった。チビが追いはらいに行ったのだろうか。

チビばかりか、ミイコがコロを追いだしにくることもあった。ともかく、わが家のドアを背にしたほうが勝利者の立ち場に立つというわけだ。

だが結局、ミイコはすごすご引き下がる。そのときの顔は、しょげて、何ともいえない顔つきになる。かわいそうなので、散歩に連れだすことにして、丘の上の公園に一緒に行く。ミイコは私の傍らにぴったり寄り添ってついてくる。まるで、よく訓練された犬のようだった。

ぶらんこをこぐ私の下を、ミイコは上手に走りぬけ、また走りぬける。調子を合わせて、ふたりで遊ぶ。

ミイコのお腹が、また大きくなった。ミイコは、近くのＫＤＤ研究所の植え込みのかげで産んだらしく、赤ちゃん猫のかすかな鳴き声がきこえた。ミイコは子を見せるつもりで、そちらへ私を誘ったが、門の中へ入ることはとても無理だった。ＫＤＤでは、その日のうちに子を始末したらしい。翌日はもう、ミイミイいう鳴き声はきかれず、植え込みの下はさっぱりと片づけられてあった。

第六章

# 里親さがし

# コンパニオン・アニマル

猫だって、この地球上に、私たちとともに生きている仲間であり、幸せに一生を送る権利があるはずなのに、猫の運命は、飼い猫かのらかで、ずいぶん違ったものになってしまう。猫は、人間に飼われているとは思っていないだろうから、生活をともにする人間をもつかもたないかで——と、いいかえたほうが、いいのかもしれない。

猫たちと特別なかかわりをもつことは、思いがけない発見や大きな楽しみもあるかわり、そのぶん、また悩みも当然、加わってくる。相手が生きものである以上、病気もすれば、怪我もする。そのたびごとの心配も大きいが、それにも増して、人間社会と猫社会の狭間《はざま》で起こる思わぬ事件に悩まされる。

一九八九年三月九日から十一日にかけて、東京都千代田区の東条会館で、「人と動物との明日をみつめて」と題した〝動物の保護及び管理に関するシンポジウム〟が行われた。この年は、ちょうど、「動物の保護及び管理に関する法律」の施行から十五年目に当たり、それを記念して開かれたものだった。

全国から、獣医師や動物愛護団体の人たちが集まり、動物愛護の推進に力を入れている先進国のイギリスとカナダから講師を招いて、特別講演が行われた。人生の伴侶としてのコンパニオン・アニマルという言葉を、このときはじめて私は耳にした。犬や猫をペットと呼んだり、愛玩動物と呼んだりすること自体、私は人間の奢《おご》りを感じて好きではない。その点、この言葉は率直に受け入れられる。

英国獣医師会の会員で動物病院を経営しているカナダのブルース・フォーグル氏は、講演のなかで、主に、ペットが人間の生活に及ぼす影響について述べた。

フォーグル氏によれば、ペットを飼っている人と飼っていない人を対象とした調査の結果は、ペットを飼っている人のほうが、毎日の生活に希望があり、楽しく、張りあいもあって、満たされているといい、また、人生の満足感についても前向きの答をだしていることから、むしろ、生活に自信のある人が、ペットを飼うのかもしれないという。

フォーグル氏は、人間の歴史のなかで、今日ほど人々の、動物や植物との身体的接触に費やす時間が少ない時代はなかったといい、そのなかでの現代人の動物とのかかわりあいを分析する。

現代人である私たちは、動物の世話をすることで安らぎが得られ、健康を維持することができるといった自分本位の考え方で彼らに接していて、動物としての彼らの立場を思いやってみないというのである。ペットの存在価値が、私たちとの社会的な関係によってのみ認められていて、その明確な効用や物質的価値をもたないということが、ペットを子どものように愛し、同時にゴミのように捨てている理由なのだ――と。

ペットに明確な効用や物質的価値がない——という分析のしかたや、その存在価値が人間に認められるか否かといった論理の展開は、私には思ってもみないことだった。

ほかに、「国際的な動物取り扱いの現状と今後の動向」と題して、カナダ動物福祉委員会代表のハリー・C・ローゼル博士が講演し、つづいて、「英国を中心とした動物愛護関連法令による規制状況」について、英国王立動物虐待防止協会主席監視員、チャールス・G・マーシャル氏が、動物虐待防止協会の組織と、そこで働く監視員の活動を紹介した。

最後に、当時の上野動物園の園長、中川志郎氏が、「日本の動物愛護——その歴史と現状」と題して、基調講演を行った。

これらの講演をききながら、私は、現実に動物とつきあうなかで起こるさまざまな矛盾を考えていた。

つながれている犬はともかく、自己主張の強い猫の場合、一匹ずつ、こちらの対応のしかたもずいぶん違うものになるからである。そうして、猫たちは、最終的には、自分の生き方を自分で決める。

当日の分科会は、第一と第二の二会場で行われた。第一分科会のテーマは「動物愛護の啓蒙と適正飼養指導のありかたについて」、第二分科会のテーマは「日本における人と動物のかかわりについて」であった。

三日目は、「人と動物との明日をみつめて」のテーマで、パネル・ディスカッションが行われた。犬や猫の人間社会とのからみあいが、将来どうなるのが望ましいかという点について、フォーグル氏は、犬や猫がこの四、五十年のあいだで、社会的にも心理的にも家族の一員になってきたことを述べた。

また、ローゼル博士は、「カナダから来た私が、日本はこうするべきである、この問題にはこういう対処をするべきであると、はっきり申しあげるわけにはいきません。その国のその状況にいちばん見合った、文化的にも資源的にもいちばん見合った方法を、自分たちで探していかなければなりません」と、前おきしたあと、同じペットを飼う人たちのなかにも、二つのグループがあると語った。

一つのグループは、ペット・オーナーとして責任のある人々、動物と明らかな絆を築いてきている人々であり、もう一つは、かわいいから、抱き心地がよいからなどと、衝動的に動物を飼ったりする人々である。この、あとのほうのグループが、いわゆるペットを使い捨てと考えている人々である。のちに問題が生じてくるのは、飼う人自身が充分な訓練や教育を受けていないからで、そういう人たちにペットを売る無責任な業者もいる。

動物は、無責任な飼い主にとって重荷になってきて、行きつくところは二つの方法しかない。動物を捨ててしまうとか、田舎へもっていって放してしまう。あるいは、福祉協会、獣医師のところへ連れていって、殺してしまうという……。しかし、動物を飼ったら一生涯のものであり、数か月の勝手気ままな行動であってはならない。そのことを充分に認識させるための啓蒙運動を、私たちはしていかなければならないし、もちろん、動物が処分される問題にも目を向けていく必要がある。

この大会で、ローレンツ博士について、一度も話がでなかったのは不思議な気がした。ローレンツ博士の、あの、自然でゆとりのある動物への接し方（猫に自然のままに生きるようにさせ、猫自身の自然な状態のなかで猫に接するようにする）は、こうしたシンポジウムとは次元の異なるものなのかもしれなかった。

さて、その最終日の会場で、名刺交換などするうち、私も何人かの獣医師と知りあいになり、一緒にお茶を飲むことになった。こんな機会は、めったにあるものではなかった。三日間のシンポジウムが終わって、明るい喫茶室で、皆くつろいだ顔をしていた。

「獣医といったってね、全部が全部、動物が好きでなった人ばかりではないんですよ」

同席者から先輩として一目おかれているらしい獣医師が、そんなことを私にいった。

「猫なんて、見た目は綺麗でも、あれは細菌の巣だな。うちの病院にも猫は来ますがね。いつだったかも、診察台からいきなりとびあがって、そこらじゅうかけまわって、しまいには天井まで、こう、逆さになってかけまわって……」

手振りを交えて話す。怒った猫のギザギザの姿が、まるで目の当たりに見えるようだ。

「へえ、そうですか」と、目をまるくして相槌をうっているのは、四十歳前後の、温厚そうな獣医師だった。今しがた、「私はまだペイペイで……」自らをそんな表現でいいながら、私に挨拶した人だった。彼が飼っているというダックス・フントに、どこか感じが似ていた。

「ヘンルーダはどうなった？　まだつづけているの？」と、先の先輩の獣医師が彼、ダックス氏に向かっていった。

ヘンルーダとは何のことかと思ったら、それはハーブの一種で、マタタビとは逆に、猫が嫌う植物なのだそうだ。ミカン科の、この植物は、古代ローマ時代にヨーロッパ全土にひろまった薬草で、枝や葉に強い臭気があり、本のあいだに挟んでおけば虫除けにもなるといわれ、古代エジプトではミイラづくりにも使われた。

ヘンルーダを猫の通路となるところに植えれば、においに敏感な猫は寄ってこなくなるのではないか——と、獣医師ダックス氏は、忌避効果のテストを行っているということだった。彼は、「動物に関して、もし、何かお困りのことがありましたら、どうぞいつでもご遠慮なくおっしゃって下さい。私にできることでしたら、お役に立ちたいと思いますので」と、名刺に自宅の電話番号を書き添えてくれた。

私は力強い味方を得たように思った。

ちょうど、シンポジウムの始まる二週間前の二月二十日、コロはわが家で、四匹の子を産んでいた。赤ちゃん猫は目下のところ、母親のお乳を飲んでは、眠ってばかりいる。マンションの人たちに気づかれないうちに、早く子猫の貰い手探しを始めなければと、私は思っていた。

## 子猫の誕生

実をいえば、コロのお腹の大きいことは、前から気がついていたことだった。しかし、まさか、家の中に入ってきて産むとは思っていなかった。

しかも、コロの出産は、私の最も忙しい時期と重なった。

鳩居堂での個展を一週間後に控え、最後の額縁合わせに画材屋へ作品を運んだり、案内状を届けたり、また、個展用のポスターをつくったり、ひとりで大忙しの、二月二十日の夜のことだった。

コロは家に入ってくるなり、テレビ台のうしろにかくれようと、まごまごしていた。

居間の壁の角に置いてあるテレビのうしろには、ちょうど三角形の隙間ができている。お腹の大きいコロは、そこに落ちつきたいらしいが、からだが入りきらないので、顔をこちらへ向けたまま坐りこんでしまった。

どうも様子が変だと気づいたときは、もう、陣痛が始まっていた。

一九八九年二月二十日（月）

猫の子が生まれそう！　と、あわてふためいて友だちのところへ電話していたら、そのあいだにもう、赤んぼの黒っぽい頭が出かかっていた。電話をきって、産褥の準備。古いシーツを段ボール箱に入れて、その中へコロを移す。玄関のドアの外にいったん出したが、牡猫の気配に再び内へ――。翌朝には、茶トラが三匹、キジが一匹、あわせて四匹が生まれていた。

生まれたての赤んぼ猫は、もちろん、目も開いていないが、鳴き声だけはいやに大きく、こちらはハラハラしてしまう。お面をかぶったように、顔が白っぽく、全体的に細長いというか、面長な顔立ちである。鼻と口もとが濃いピンク、口をあけると、さらに濃いピンク。段ボール箱の中に、古い膝かけ毛布を切って敷いてやった。

はじめての出産だというのに、私はコロにすべてをまかせたまま、境のドアを閉め、さっさとベッドに入ってしまった。私には何の計画性もなかったから、この先どう対処したらよいかわからない。猫はその場の状況に応じて、残す子猫の数を決めるというから、コロは、最初のキジ一匹にするかもしれないなどと、虫のよい、しかもはかない望みをつないでいたのだった。
今、加藤元著『猫の飼い方』(池田書店刊)を見ると、「分娩が近づいたら病院でX線検査と血液検査をしてもらい、陣痛が始まったら、異常のあるなしにかかわらず、すぐに医師と連絡をとっておくとよい」「初めてのお産では、母猫の不安を少しでもやわらげてやるためにも、母猫につきそってお腹をさすったり、頭をなでて励ましてやりましょう」などと書かれている。

二月二十六日(日)
子猫の目が、やっと開く。しつけ糸がほどけたように、中央の部分が少し開く。それでも目の光が強いのは驚くほどだ。

一般的に猫の本には、「子猫の目は生後十日ごろから開きはじめる」などと、きわめて当たり前のことのように記されている。しかし、実際にそれを見れば、一番星のように輝いて、神秘的な感じさえする。
二月二十八日からの個展で、銀座の鳩居堂に通う毎日が始まった。午前十時にわが家を出、帰宅は夜の八時半になる。そのあいだ、母猫と四匹の子猫はお留守番だ。猫たちの入った段ボールは、玄関に近い廊下の隅に置き、キャンバスを立てかけて囲った。

ところが、コロの出入り口として、風呂場の網戸をあけておいたら、牡猫がそこから入ってくるようになった。帰宅すると、衝立てがわりのキャンバスが倒され、食堂においたパンの袋はかじられ、さんざんな有様になっていた。

このあと、コロは、子猫を居間に運び入れ、こちらは次第に、城をあけわたす感じになってきた。

子猫を写真に残しておこうと、フラッシュで何枚も撮っていたら、コロは再び子猫をくわえて移動を開始、テレビのうしろにかくしてしまった。かくしたとはいいながら、私にも見せるし、要するに、写真など撮らせたくないのである。事実、カメラを向けるには都合のわるい場所になった。

コロのはじめての子どもたち

コロは、はじめての子たちに囲まれて、幸せそうだった。子猫にとって、母猫は最大の味方だが、母猫にとっても、子猫は最大の味方なのだった。

一度、コロが、テレビ台のかげから飾り棚の上に跳んだとき、誤まって石油ランプを落とし、割ってしまったことがあった。それは、昔、骨董屋でみつけて求めた古い洋ランプで、ランプ台の白い曇りガラスと青い透明ガラスの取り合せが気に入って、大事にしていたものだった。床に落ちたとき、ほやは割れなくて、台の部分が粉々になった。

「あっ」

思わず声をあげると、コロはあわてて、子猫のところにとびこんだ。

「コロ」

叱るつもりで覗いてみると、なんと、コロは子猫たちのあいだに顔を埋めてちぢこまっている。そして、まだほんの赤ちゃんきょうだいが、母猫をかばって、一斉に、私に向かって口を開け、火を噴く形をして見せた。

三月十四日（火）

好奇心の強い子猫は、テレビのうしろから居間へ這いだしてくるようになる。それを、コロはくわえて連れ戻す。私が見ていると、〝早くかくしてやってよ〟と、命令の顔と声。私はそれに従う。近ごろでは、コロの召使いになって、一緒に子を育てている感じがしきり。

三月十五日（水）

子が次々這い出てくるのにコロはとまどって、どうしてよいかわからないといった顔だ。途方に暮れているのを抱きあげてやると、いつになくおとなしく、コロは抱かれたままでいる。

三月二十日（月）

生まれてちょうど一か月経った。子猫たち、植木鉢二つ用の籠が気に入って、親のいないときはその中で眠っている。そこにコロが加わると、まるでぎゅう詰めの弁当箱のようなぐあいだ。子猫たちがペッタンペッタンと妙な歩き方をするので、クル病かも？　と気になって日当たりのよいところへ移してやってから数日経った。名古屋の泉さんに話したら、「そんなふうに子猫を勝手に移動したりすると、親は子をかみ殺すわよ」と、恐ろしいことをいう。「自然にまかせなさいよ」と。しかし、わが家の猫たちは、日光浴がすっかり気に入って、活発にはねまわるようになった。

「そりゃ、よっぽど信用されてるんだわ」と、泉さんはいった。

三月二十一日（火）

子猫のなかで、黒縞の一匹（のちのハリー）が、特に私に好意を示すようになる。自分から私の膝によじのぼってくる。ときに親が、面白くないといった目でそれを眺めている。

歯であちこち、よくかむようになった。キラキラ光る水晶のような歯。新しいものはみんな綺麗でピカピカである。

## 里親さがし

ふかふかの毛糸玉のようなのが、家の中を走りまわるようになった。あまり鳴かないし、子猫の体重は軽くて床に響かないし、今のところ、近所に迷惑はかかっていない。しかし、子猫の貰い手探しを、いよいよ始めなくてはならない時期にさしかかっていた。子猫のかわいい盛りは短いのだ。

玉川の東急ハンズに、ニャンニャンハウスというのがあって、そこで子猫の仲介をしていると、近くの友人が電話で教えてくれた。

「けっこう売れているみたいよ」一匹千円の手数料で引き取り、五百円で売っているのだそうだ。

「でも、行く先はわからないんでしょう？」

どんな人のところに貰われて――、いや、買われていくか、それが心配だった。また、もしも売れ残った場合はどうするのだろう。安売りというのも気に入らない。できるだけ、自分で貰い手を探そうと決心した。

「子猫いりません？　うちで、かわいいのが産まれたんです」

私は、これぞと見こんだ人たちに、片端から電話をかけた。都内は住宅事情がよくないからと思い、千葉、埼玉、長野、豊橋に住む知人を頼った。

「このへんにも、猫ならいっぱいいる」

うんざりした声は、日ごろ、のらに悩まされているのだろう。

「ネコ？」と、意外そうな声をだす人もいた。

しかし、よい反応もあったのだ。

市川の読書クラブの井畑さんは、「娘がトリーマーで、ペット売り場に勤めているから」と、その店のショーウィンドウに貼り紙をしてもらってあげると、約束してくれた。茶トラの子猫に人気があるということだった。

「それなら、うちに三匹もいるわ」と、私は晴れやかな声でいった。

新潟のペンション、〝小夜鳴鳥《ナイチンゲール》〟の関口さんは、「友人に、会社の社長で、顔の広いのがいるから、きいてみてあげましょう」と、うけあってくれた。つづいて、練馬の子どもも文庫からも、一人、ほしい人の当てがあるという電話が入ってきた。

真っ先に、新潟の話がまとまった。社長が朝礼のときに、猫のことを社員に話したところ、早速、一人が申し出たという。若い女性かと思ったが、そうではなく、一人息子が独立して家の中が寂しくなったからという中年の男性（松原さん）であった。

四月二日、新潟から、関口夫妻が上京してきた。ちょうどその年の七月から三か月間、私の絵の個展を〝小夜鳴鳥《ナイチンゲール》〟の会場で行うことになっていて、その展示作品搬出のための上京であった。帰りに子猫を連れていってくれる手筈になっている。

「先方は、どの猫でもいいって、いってるんですがね」

そういいながら、関口さんは、茶トラとキジを見くらべて、キジ猫に決めようとした。キジ猫はコロの第一子で、近ごろよく私の膝によじのぼってくるようになった牡の子猫であった。当時はまだ名前はついていなかったが、これがのちのハルことハリーである。

ハリーは私に抱かれていたが、関口さんの手に渡そうとすると、いやがって、私のくびにむしゃぶりついてきた。その手をはがしかかると、今度はぱっととんで、本棚のうしろの隙間にもぐりこんでしまった。狭いなかで向きを変えて、こっちをじっと見ている。

「でておいで」

いいながら、片腕をさしこんでみたが、どうにもならない。結局、もう一匹の茶トラのほうを連れ帰ることになった。大鳴きに鳴くのを段ボール箱に押しこめ、奥さんの路《みち》恵《え》さんが、それを抱えて車の助手席におさまった。子猫の鳴き声にせきたてられ、関口さん一家は別れの挨拶もそこそこに帰っていった。

なにしろ、子猫にとっては、生まれてはじめての長旅である。これから八時間の道中を、無事に向こうに着けるだろうか。車酔いはしないだろうか。気にしているところへ、電話がかかってきた。早すぎる電話だった。

「大丈夫ですよ。あんまり鳴くんで、箱から出して、家内が膝に抱いてやったら、おとなしくなりましたよ。心配してるんじゃないかと思って……」

子猫は無事、新潟に着いた。途中、関口さんの友人の社長宅に立ち寄ったが、そこに飼われているペルシャ猫ともじきなれて、いっとき遊んだりしたそうであった。

二番目の貰い手は、所沢に住む藤井さん一家だった。こちらは、小学校五年生の女の子多起《たき》ちゃんと、弟の小学校二年生の啓晶《ひろあき》くん、その両親の四人家族である。

多起ちゃんのお誕生日の四月九日、母親の幸枝さんに伴われて、ふたりの姉弟は子猫を受け取りにきた。一匹ではなく、二匹貰っていくことが決まっていた。

この日は、母猫のコロを部屋に閉じこめ、玄関前の廊下で、三匹の子猫を自由に遊ばせておいた。「人間が猫を選ぶのではなくて、猫に選ばせるようにしたほうがよい」というのが、ダックス氏の助言であった。「できるだけ長いあいだ、猫たちと一緒にいてもらうようにする。そのうち自然に寄ってきた猫を選ぶとうまくいきます」。ところが、何回かの貰い手探しを通して、現実問題として、なかなかそうはいかないことがわかった。選ぶ側はいつも人間なのである。そうして、選ばれた猫は、それでけっこう新しい環境になじみ、相手の人間ともうまくやっていく。

手前から，ハリー，クッキー，チッキー

さて、狭いマンションの玄関に、多起ちゃんと啓晶くんの姉弟は膝をついて、子猫を見まもった。二匹の茶トラは、箱のかげから出たり入ったりしていたが、黒縞のハリーは隅にちぢこまって恐ろしそうにしている。

そうして、意外なことには、多起ちゃんも、子猫に手が出せないでこわがっている。こんなことで大丈夫かと、私はちょっと不安になった。それもそのはず、多起ちゃんは猫が嫌いだったのだ。嫌いでいながら、猫と話ができたらいいなと思っている女の子だったのである。弟のほうは最初から積極的で、大きな目をクリクリさせ、舌を鳴らして子猫を呼んだりした。

「あの黒いのもかわいいね」と、啓晶

くんがいう。私はにわかにハリーを手放しがたくなってきた。生まれて一か月経ったころ、私の膝によじのぼってきたのは、この黒縞の猫だったのだ。どうか、茶トラのほうに決まりますように——と、私は心に念じた。ハリーもたぶん、同じ気持だっただろう。隅っこから、どうしても出てこようとしないので、結局、茶トラ二匹に決まった。

この二匹は、クッキー、チッキーとそれぞれ名前がつけられて、のちのち幸せに暮らすことになった。

「菜の花畑を、クッキーとチッキーが、蝶を追いかけて、とびはねて……、まるで絵のようです」と、電話で、母親の幸枝さんが明るい声で告げた。

「二匹いただいて、ほんとによかったと思っています」

チッキーは牝だとばかり思っていたのに、二匹とも牡だということが、あとでわかった。

市川の井畑さんから電話があったのは、それから間もなくだった。茶トラの子猫をほしいお客が、ペット・ショップに現われたのである。茶トラがいなかったら、黒縞でもよいという。持ってくるのが大変だったら、近くまで取りにいくといわれ、私はまごついた。残った一匹を、どうにも手放せなくなっていたのだった。

# いたずらハリー

一九八九年四月二十七日（木）
一匹残った子猫の名前は〝ハル〟に決まる。わが家でいちばん格が上の存在。「フォルスタッフ」のハル王子に因んで、そして春（二月二十日）に生まれたから。
そのハルがお腹をこわして軟便。冷蔵庫からだしたての冷たいミルクのせいだろう。きゅうきゅう鳴きながら、ベランダで便をする。鳴いている意味がわからなくて抱きあげたら、母猫コロが怒って目をつりあげた。こちらはハルを玄関先へ運ぶ（自分でもなぜこうしたのかわからない）。コロがうるさく鳴くので、ドアの外へ出す。いつもなら、これで鳴きやむのに大声を張りあげる。ふたりの大合唱に困り果てていたら、ハルが、猫用トイレで排便（下痢に近い）。やっと鳴きやむ。

四月二十八日（金）風強し
浴室の窓を閉め、ついで、勢いよくドアを閉めたら、ギャオ〰〰というハルの叫び声、びっくりしてドアをあける。コロがとんでくる。
ハルはさっきまで、隣の部屋で食事の最中だったから、こちらは、よもや私のそば

一匹残ったハルことハリー

にいるとは気づかなかった。そのまま、ハルは浴室の隅にうずくまる。どんな大怪我をしたかと、おそるおそる抱きあげる。どこも何ともなさそうだが、ハルはこまかくふるえ通し。三十分近くも私の腕の中でふるえていた。

やさしいトラがくると、コロは誘われて外へ出て仲のよいところを見せる。ところが、ハルがちょこちょこ出ていくと、途端にトラに向かって右手をふりあげてひっかく。この豹変ぶり。母親の本能か。

四月三十日（日）晴

午前六時起床、させられる。日曜の朝はどこも朝寝、マンションはどこも静か。今のうちと思って、ハルを外で遊ばせてやった。コロがハルを注意深くわが家の方へ連れてきてくれる。

二、三日前、いや四、五日前から、ベッドの下から異臭がして気になっていた。ときどきハルがもぐるので、ひょっとして、ついでに尿でもしているのでは——と、ベッドの底板まであげてみる。ゴキブリの死骸、ハルのおしっこ、おまけに糞の干からびたものまでみつかる。大掃除となった。こんなとき、決して猫を叱るな、逆効果だと本にはあったが、大いにコロたちを叱る。コロはそこへほうりこまれただけで恐れをなして、ベッドの部屋に入りこまなくなった。

ハルは何が何やらわからず、ただ鳴く。

少し経って親子は日向にころがって昼寝。コロが実にうらめしそうに横目で見あげる。抱きあげてやって、子の不始末は親の不始末だといいきかせた。抱かれるのがあまり好きでないのに、このときばかりはコロ、抱かれて神妙にしていた。

ハルはいたずら好きで、やたらと忙しい猫なので、ハリーとなる。

コロの立派なひげが二本も抜け落ちていて、これもハリーの勢い余ってのしわざらしい。

五月五日（金）

ハリー、テレビを見ていて、鳥がうつると、右手でつかまえようとする。

旅行のときのための訓練をしておかなければというつもりで、コロとハリーを、ネコ運搬用のバスケットに入れて、隣の住まいのマンションまで。黄色くていやに目立つバスケットだ。その重たいこと。親子を旅につれていくことは、どうやら不可能である。

ハリー大喜びで、ソファによじのぼって遊ぶ。コロのほうは用心深くからだを平たくして這う。帰りはお堂のところで、バスケットから出してやる。途端に隣の重信さんと出会い、ハリーはかくれる拍子に、屋敷の庭に通じる溝に落ちてしまった。だから、いわないこっちゃないと、コロの非難の目。さんざんな朝の散歩となった。

五月七日（日）晴

にくらしいキジの牡猫、私を見ながら、糞を一つ、ころっとだして見せ、ゆうゆうと立ち去る。この猫、私のことを大いに嫌っている模様。

お堂のところで、コロ、ハリー、私が、にくらしいキジと出会う。キジに、コロは親しげに近寄る。ところが、キジのやつ、私をじろりと見やり、コロに向かって前足をふりあげ威嚇。コロは別にどうといってショックをうけた様子もなく、私の方へ戻ってくる。

ミイコとコロとしきりにうなりあっているところへ私が行って、〝コロ、やめなさい〟と背を叩いたら、コロ、勘違いして、ミイコを追いかけてとびだしていった。

五月十一日（木）大雨

今日から黒姫行きのところ、大雨のため一日延期。はじめて猫たちだけで留守番させることになる。トイレ用砂、水、食物の準備。砂は紙粒のもののほか、ほんとの砂三キログラム入りを買う。深めのポリ容器にこれを入れる。食べものは変化に富んだ献立を考えていたはずなのに、アジだらけになってしまった。明日は晴れるだろう。

風呂場の窓も、猫の頭の幅だけあけ放してでかける予定。

二泊三日のあわただしい黒姫行きであった。

このたびの主な目的は、七月から始まる、ペンション〝小夜鳴鳥《ナイチンゲール》〟での私の作品展の準備のためだった。飾りつけに当たって、作品の配置を見てほしいといわれていたからである。

また、そのついでに、新潟に貰われていった子猫の様子がきけるのを、私は楽しみにしていた。

子猫はミミと名づけられ、先方で、たいそうかわいがられているという話であった。

「息子さんも独立して、奥さんひとり寂しくて、更年期障害だったのが、子猫の世話をしていうちに、なおったそうですよ」
関口さんが、話してくれた。
子猫はやんちゃで、よく怪我をするそうで、動物病院にも、ちゃんとつれていってもらっているらしかった。

五月十四日（日）晴
〝小夜鳴鳥《ナイチンゲール》〟の人たちに、もう一日のばしたらといわれたが、猫のことが心配で、この日、夜おそく帰る。
歓声をあげながら、猫たち出迎えてくれた。食べものはすべて食べつくし、ミルクも水もなかった。糞は砂場にしてあったが、親猫のぶんまで含めて相当の量で、玄関はかなり臭い。

五月二十日（土）晴
夜、母猫コロの教育ぶりを見せてもらうことになった。
コロはまず、垂直な壁を自分がかけのぼって見せる。ハリー、ちょっとひるむが、親をまねてそれをする。ところが、のぼったはいいけれど、降りるに降りられないで、ギャオギャオ鳴く。見かねて私が手をだそうとすると、コロがにらむ。コロににらまれて我慢していると、ハリー、勇気をだしてかけおりてきた。嬉しくて、また、ギャーギャー鳴く。
調子にのって、ハリーがマンションの階段をかけおりて遠くへ行きそうになると、コロ、ダッシュして通せんぼをする。

五月二十一日（日）
午前四時過ぎに猫たちに起こされて、ふたりを外へ出してやる。こちらは再びひと眠りして、起きたら、猫たちの大合唱だ。いやにはりきって声をはりあげるので、近所をはばかって、急いでドアをあけにいく。そうしたら、かなり大きな袋のようなものをくわえていて、そこに置いた。気味のわるいものではないかと、こちらは恐る恐る拾いあげる。なんと、それは、厚さ二センチ、六センチ四方もあるベーコンの塊だった。
どこから、こんなものを運んできたのだろう。うすく切って、猫たちに与えてみたが、塩味がきつすぎるせいか、食べようとしない。結局、これは私へのおみやげだった。

五月二十二日（月）

夜、ハリー、外へ出たがる。出してやりながらこちらもついて出ると、牡猫たちが、マンションの裏庭に集まってきている。赤目青目の白猫もいる。白猫は泥まみれ、しっぽもギザギザ。しかし、性格はあまりわるくないらしい。ハリーに、のどを鳴らして近寄る。

白と獰猛なキジが、とっくみあいの喧嘩をし、私が水をかけても逃げないので、つい、キジの頭を手桶で打った。コチンと音がした。それでも、二匹の喧嘩はやまない。

五月二十四日（水）

ハリー、病気。なんにも食べなくなって、からだがこきざみにふるえている。コロはたいして心配もしないで、あまりハリーの傍らに近寄らない。ときどきなめてやっている。

五月二十五日（木）

ハリー、まだ、ぐあいがよくない。昨夜は一緒に寝てやった。おとなしく、よく眠る。足の裏が熱い。獣医さんにつれていこうかと思うが、何となく、このままなおってしまうにちがいないという気もする。ハリーの目の光が強いからである。食べてないので、足もヨタヨタ、へんな歩き方をする。

仕事の邪魔をするハリー

五月二十六日（金）
ハリーの病気なおった。なおった途端によく食べるようになり、食べすぎて、今度は軟便になる。

五月二十八日（日）
珍しくチビの来訪。しかし、ハリーが追いはらう。

このころのハリーは、大声でよく鳴いた。それも、なかなかドスのきいた声で、よく響く。そのたびに、私はハリーを抱きあげていってきかせた。
「あんまり鳴くと、上野のお山につれていっちゃうからね。そこでは、食べものをくれる人もいるかもしれないけれど、こわーい人だっているんだから。動物園がすぐそばで、ハリーがそっちへ入っていったとするでしょ。そうすると、すぐにつかまってしまうんだから」

ハリーは黙ってきいている。もちろん、言葉の意味を理解するとは思えないが、声の調子で、何となく不安になるらしく、しまいには、「上野のお山だよ」というだけで静かになった。

ハリーは、私の肩にのっかるのが大好きで、三階の集合郵便受けのところまで郵便物を取りに行くときは、いつも、肩にのって一緒に行った。

## ふえる子猫

ハリーが生長するにつれて、チビもミイコも、私のところに近づけなくなった。コロにハリーという強力な味方ができて、それだけ縄張りが固まったためである。ホシがいたころは、牝だけの母系社会で、まとまりもよかったのが、牡が一匹入ったことで、事情は一変した。

六月に入って、コロのお腹の大きいのが目立つようになった。二月末に出産したばかりなのに――。

「いくら何でも早すぎると思いますがねえ」ダックス氏は、信じかねる口調でいった。

しかし、コロは妊娠していたのだ。洗面所で、新聞紙をまるめては奥に押しこんでいるところも見かけた。いよいよ産室づくりかと思いながら、こうなったらあわててもしかたがないと、覚悟を決めた。第一回目のとき、貰い手はすぐみつかったし、終わりにきて子猫の数が足りなかったくらいである。今度もきっと、大丈夫だろう。

六月十四日、五匹の子猫が誕生した。

ちょうど午前十一時をまわったとき、コロは、和室のベランダ側で、ひなたぼっこをしているうちに産気づいた。一緒にいたハリーは、びっくりして立ち上がり、大きな目で母猫を見つめている。こんなとき、牡は遠ざけたほうがよいのかと、一瞬迷ったが、もしそうなら、コロが寄せつけないはずだと思い、自然の成りゆきにまかせることにした。

古いガーゼの毛布カバーを、すぐそばに敷いてやり、コロのからだの位置をずらしてやる。そのあいだにもう、透明な羊膜につつまれて、一番目の胎児がすべり出ていた。黒猫ポーの誕生だった。

コロは忙しく、ゼリー状の薄皮をなめとってやる。びしょびしょの赤ちゃん猫をなめてころがす。

ハリーは私の横で、大きな目をして見つめていたが、そのうち、自分も母親にならって、おずおず、赤ちゃん猫をなめはじめた。

コロのほうは、もう、次の陣痛が始まりかけていた。ハリーは、今度は、母猫の局部をしきりになめてやっている。そうして、二番目の子が出てくると、その羊膜をなめとり、しまいに、胎盤までも食べて片づけてしまった。

「子猫が母猫の助産婦の役をするなんて、今まで、きいたこともないですねえ」と、知人の一人は、電話の向こうで、信じられないという声をだした。

「しかも、その子猫、牡なんでしょう?」

また、別の一人は、「蛋白質に富んでいるから、うまいんじゃないかな」と、いった。そうかもしれない。だとすると、母猫の栄養補給の意味ももっている胎盤を、ハリーが食べてしまうのは、あまり感心したことではないだろう。

しかし、ともかく、生まれてくる子猫と母猫の介添え役を、ハリーは積極的につとめた。

二匹まで生まれたところを確認して、私は仕事で外出した。

帰宅すると、赤ちゃん猫は五匹になっていた。毛色は黒一、白二、茶のブチ一、オレンジのマーブル一である。毛色がこれほどまちまちなのは、父猫もいろいろいるということだろうか。

前回のとき、生まれた子の数は四匹、今度は五匹だった。一匹ふえただけで、ずいぶん大家族になった気がした。それに、ハリーもいる。

この先、どうするか。解決策はただ一つ、貰い手を探すしか方法はなかった。

「生まれましたか」と、ダックス氏はいった。「これが九月ですとねえ。動物愛護週間

コロの二度めの子どもたち

で、ペットの里親探しを会場でするんですが……。子猫の場合は生後六十日までということになっていますから、それまでには大きくなりすぎてしまいますし……。弱りましたねえ。私も何とか、お力になりたいとは思いますが」

結論として、動物愛護センターに運んでみてはどうか——と、彼はいう。

そのことなら私も知っている。愛護センターといいながら、実は、動物処理場なのである。ここに連れてこられた犬猫のうち、貰われていくものはきわめてわずかで、大多数のものが殺されてしまう運命にある。非情な飼い主に見捨てられたかわいそうな動物たちは、六日間の命だけが保証され、檻を順に移動させられる。

以前、私は、『みんな生きている』という

動物愛護協会のビデオの企画・原案を担当したが、動物愛護センターのそうした現実も、実際にフィルムに収められた。本能的に死を悟った動物たちは、最後の瞬間まで、自分を見捨てた飼い主が現われるのを待ちつづける。その一途《いちず》な表情を、飼い主に見せてやりたいと思った。一年間に何十万という、信じがたい犬猫の殺処分数には、まったくやりきれない思いがする。とても、そんなところへつれていくことはできはしない。

私は、動物愛護協会に電話をかけてみた。愛護週間でなくたって、子猫をほしい人の申し込みはきているかもしれない。

「いいえ。私どもでは、そういうお申し込みは受けつけておりません」

協会の事務員らしい女性が、冷ややかに、そういった。きっと、この種の電話は、うんざりするほどかかってくるのだろう。

捨て猫防止協会の知人宛にも、生まれた子猫の登録だけはしておこうと思い、葉書をだした。返事はついに返ってこなかった。

ほかにも、この種の愛護団体はいろいろある。しかし、猫の貰い手探しを依存するのは、どうやら無理のようだと気づいて、それ以上電話をかけることをやめにした。

あとは、友人知人関係を、根気よくきいてまわるしかない。

「まだ、目は開いてないんでしょう?」

友人の二人までが、異口同音に、そういった。だったら、目の開かないうちに、思いきって殺したほうがよいというのである。

「簡単よ。川にほうりこめば、あっという間よ」

といったのは、日ごろ、動物愛好家を自負する友人だった。

「わたし、何度も、そうやって始末したわ」

彼女の愛護精神も、そんな程度のものだったのか――と、こちらは白けた気持になった。それだったら、まだしも、自分の手にかけて殺したという罪悪感の残る方法を選ぶべきだったろう。

新潟の〝小夜鳴鳥《ナイチンゲール》〟にも電話をかけた。

ペンションでは衛生上、室内で動物を飼ってはいけないことになっているそうで、ほかに、きく当てはもうないと、関口さんはいった。

「もう少し子猫が大きくなってから、先生の山荘の床下に放して、すまわせてやったらどうでしょうか。あそこでしたら、私も毎日、車で通りますから、食べものを置きに寄ることもできますし……」

でも、冬になったら――。なにしろ、三メートルも雪が積もる豪雪地帯なのである。猫は里に下りて、どこかの家の物置きで難を逃れることになるのだろうか。私の山荘の床下で子猫を育てていた、野生そのままの母猫の姿が目に浮かぶ。あれこれ想像してみて、やはり、これは無理だった。

子猫がかわいいうちの二か月目（八月十四日）を迎えるまでに、貰い手をみつけなくてはならないけれど、まだ日数は充分ある。それまでには、きっと何とかなるだろう。今回は、友人、知人関係だけでなく、知らない人たちにも当たってみることにした。それには、子猫の写真を撮っておいて、持ち歩くのがよさそうだ。つまり見合い写真である。あれこれ手段を考えて、私はやっと落ちついた。これからの見知らぬ猫好きとの出会いを楽しむことに決めた。

私の心配をよそに、ハリーは、きょうだいのふえたことが嬉しくてしかたがないらしかった。赤ちゃん猫を両手にかかえてなめて、かわいがっている。母猫にかわって、おしっこやうんちもなめてとってやっている。ときどき度が過ぎて、おもちゃのようにころがしたり投げとばしたりするので、こちらは目が離せない。小さいきょうだいに囲まれて眠っているハリーは、幸せいっぱいの顔をしていた。驚いたのは、赤ちゃん猫が母猫のお乳を飲むのに混じって、ハリーも一緒に飲みだしたことだった。コロは、別にいやがるふうもなく、大きな赤んぼうを受け入れていた。

一回目の出産のときもそうだったが、母猫は、赤ちゃん猫をくわえて、何度か引っ越しをする。条件のよいところに移動するというのとも違う。自然の状況下では、これが、子猫の居場所を変えて敵から守るということになるのだろう。母猫の本能なのかもしれ

弟猫の世話をするハリー

赤ちゃん猫といっしょに乳を飲む

ない。

一九八九年六月二十四日（土）雨

枕もとに引っ越してきた赤んぼ猫の鳴き声、まるで小鳥のさえずりのよう。うるさくて眠れない。ハリーが赤んぼうをかまうたびに大騒ぎとなる。枕もとのスタンドは落ち……。「コロ、どうにかしてよ」と、悲鳴をあげる。

六月二十五日（日）

朝、ハリーとふたりで公園に散歩。コロは途中までついてきてやめる。

公園のそばの家に、ハリーひとりで入ってゆき、その家の人にからかわれている。「ニャオー、まだ小さいね」などと。日曜の朝らしい、のんびりした会話。

夜、友だちと電話で話していると、その横を、コロが子をくわえてお引っ越し。今度は、うまいぐあいに北側の納戸に移ってくれた。これで、やっとゆっくり眠れそう。

納戸には、本棚が幾つもならび、床には、冬しか使わないストーブや、猫運搬用の籠、段ボール箱、絵ハガキの入った箱など、いろいろ置いてある。子猫たちのかくれんぼの場所としては最適だった。本棚の本の隙間に、子猫はもぐりこんで眠っていた。

クロ（のちのポー）

## 世話のやける猫一族

六月二十六日（月）

二十七日、二十八日と黒姫行きで留守になるので、そのあいだの食べものを、スーパーでいろいろ買ってくる。手羽焼、缶詰、アジなど豪華なメニューを一度に。おとなしく留守番してくれるかどうかが心配。

六月二十八日（水）

午後八時半すぎに帰宅。鮒忠《ふなちゅう》で鳥肉団子を買って帰る。コロとハリー、大喜びで歓声をあげて出迎えてくれた。

食べものは全部からっぽ。アンモニアくさい。疲れて帰ってきたが、すぐに掃除をする。猫たち、お腹をこわして下痢便になっていた。

六月二十九日（木）

赤んぼ猫をハリーがかまいすぎて、そのせいかどうか、みんな目がつぶれていて、〝クロ〟（のちのポー）などは、片目が魚の白目のようになってしまった。これにはショックで、猫の義眼はあるのかしらと、馬鹿なことを思った。このクロだけは、うちにおいてやらなくてはいけないかと思ったり。しかし、お昼ごろにはまた綺麗な目になっていて、一安心する（註・一時的に瞬膜《しゅんまく》が出ていたため）。

もう、みんな、猫らしい動作で互いにじゃれあっているが、まだ腰のきまらない感じでよたよたしていて、まるで高速度撮影で猫の動きを見ているようだ。

七月一日（土）

ハリーが母猫の乳を飲む様子、ハリーがあまり大きすぎて、少々猥《みだ》らな感じがする。やめなさいと、引きはなす。

夕刻、近所の主婦に出会い、ショッキングな話をきいた。ジャックさんの訃報であった。

シラタマ，ライアン（背中），平造

障子で遊ぶ子猫たち

七月七日（金）
白い子猫の目の色、薄くなって、透き通るようなブルーになってきた。
七月八日（土）
ハリーと子猫の撮影。フラッシュにも驚かない。
七月十五日（土）
茶のブチがはじめてアジを食べた。
コロ、カオカオ鳴きながら、食べものを子のところへ運ぶようになる。
七月十九日（水）晴
クロが、一緒に生まれたなかでもいちばん繊細な、ミミ（のちのライアン）の目の下のかさぶたをなめてとってやっていた。
七月二十日（木）晴
梅雨明けで暑くなった。
朝と夜、子猫たちのノミ取り、目やに洗いが、このところの日課となった。やわらかい求肥《ぎゅうひ》か何かのような子猫のからだ。四肢が、バネの強い動きの激しさで、よほど上手におさえていないと、バラバラ逃げだしていってしまう。
五匹が一緒に起きだし、三十分も活発に動きまわると、また、コトリと頭をおとして一斉に眠ってしまう。眠っているあいだが、こちらの仕事のしどきである。
和室の障子紙、ビリビリに破けてしまった。破いた穴から、子猫たちは出入りし、かくれんぼで遊ぶ。ハリーも。

七月二十二日（土）
南西側の小さいベランダ（フラワー・ボックス）が、コロとハリーの気に入ったばかりか、子猫までそこに昇りたがるので、目が離せない。あやまって四階から落ちたら大変だ。
みんな、納戸から和室に引っ越してきてしまい、納戸にはもう行こうともしない。昨夜は風呂場の窓を少しあけておいてやったので、コロとハリー、ともに外に出て用を足した模様。

七月二十四日（月）
午前一時三十分ごろ、すさまじいハリーの叫び声で目がさめた。一度は夢うつつにきいて、それきり終わるかと思ったら、またもやの叫び声に、起きだして、隣の部屋（和室）に行ってみると、ハリーが毛を逆立てて興奮している。子猫たちは全員かくれていて、いや、ただ一匹、ミミだけが、素知らぬ顔でみんなのかくれた場所の真ん前に坐っていた。

いったい何が起こったのか、見当もつかなかったが、いったんハリーを外へ出してやる。

興奮したハリー、すぐ戻ってきて、非常に用心深く、あちこちのにおいをかいでいる。そのころになって気づいたのだが、部屋中に牡のマーキングのにおい。のらが侵入してきたらしい。ハリーは得意の大声を武器に追いはらったという次第。

八月五日（土）

はじめて、東南側の広いベランダに子猫たちをだしてやる。大喜びではねまわる。

八月八日（火）

コロが、蟬を子のおもちゃにとってくる。白（のちの平造）が、それを誰にも渡さぬ気構えを見せて、口にくわえ、周囲を睨《ね》めまわす。

結局は、蟬をバラバラにしてしまった。

八月十二日（土）

子猫の写真撮影。

夕方、森島さんたちが、生後一か月くらいの白い子猫を抱いてわが家へ――。別所坂にいたという。溝にはまって動けなくなっていたのを助けたが、ミルクをやっても飲まないし、どうしたらよいかという。直観で、これはチビの子だと思った。

元のところへ返しておけば、そのうち、親が来てつれていくでしょうと、皆で行ってみると、そこが自分の場所だといわんばかり、子猫は凹みにうまくからだをおさめる。明朝、また様子を見に来ようということになって、皆別れる。

そのあと、私は子猫をコロのところへ連れてゆき、コロを臨時の乳母役にしてお乳を飲ませようと試みたが、コロは受けつけなかった。

八月十三日（日）

朝早くの散歩で、昨日のシロちゃんを、お堂のところにいるチビのもとに届ける。チビ、シャーッと威嚇してまったく受けつけない。外で、しかもリリのいる前で渡しても駄目なのだ――と、こちらも理解し、元の場所に置きにいく。

あとから一階の志賀夫人、きっと重信さんのところの崖から落ちたのでしょうと、子猫を押しあげてやったところ、母猫と呼びかわしながら、走っていったという。母猫はやはりチビだった。

八月十四日で、子猫たちはちょうど生後六十日。ニャンニャンハウスで預かるぎりぎりの期限が、もう目の前に迫っていた。それなのに、私はまだ、子猫の登録もしていなかったばかりか、貰い手もみつけられずにいた。ハリーと子猫の関係の興味深さ、元気に遊びまわる子猫たちを眺める楽しさにかまけて、そうした事どもをついつい怠っていたためである。

また、この夏の猛烈な暑さに加えて、子猫五匹のノミ取りの大仕事で、一日一日が、あっという間に経ってしまったことも事実だった。

実際、ノミがこんなにたくさん猫のからだにつくとは知らなかった。ノミは、外を出歩いている母猫のからだについて運ばれてくる。それがたちまち子猫のからだに移るのは、子猫の体温が高いせいもあるだろう。ノミが問題なのは、かゆいばかりでなく、いろいろな皮膚炎のもとになったり、条虫の感染源になるからである。

ノミを取るには、ノミ梳《す》き櫛で取ってやるのがいちばんだときいて、早速、スーパーのペット用品売場で買ってきた。ステンレス製の、幅三・五センチ、長さ五センチ余りの小さい櫛で、手の中に入ってしまう。その櫛で毛を梳いてやると、赤い小さいノミが面白いように取れた。とりわけ、尾の周辺に、たくさん集まっている。頭やくびのあたりからノミ取りを始めるから、追われたノミは結局、裾の方に集まる寸法だ。ネコノミは、はねる一方、毛の中を潜行するに巧みだった。熱湯を入れた器を用意しておき、それに移して殺した。

「ノミ取りって、何だか張り合いがあって、面白くない？」と、動物好きの友人がいった。

「〝ほうら、大漁だぞ、大漁だぞ〟っていいながら、うちでも犬のノミを取ってやってるの」

一度にたくさん取れるところは、確かに、ピチピチした小さい魚の感じがする。五匹の子猫から、一度に、二百匹からそれ以上ものノミが取れた。

母猫用のノミ取り首輪やノミ取り粉なども、一応は買ってあったが、薬は猫にも害があるのでは——と、こわくてなかなか使えない。しかし、そんなこともいっていられなくなってきた。

ノミの成虫は、コロやハリーの毛の中で卵を産み、それが落ちて、部屋で次々孵化するらしいのだ。たまたま、机の上にハリーがのったあと、点々と白い卵が落ちていて、そのことに気がついた。

ノミの大攻勢に音をあげて、ダックス氏に電話すると、滴下式ノミ駆除剤を使ってみてはどうかと、早速、試供品を郵送してくれた。

それは、小さなピペット四本に分けて入れられた薬品で、猫の背中の、ちょうど肩甲骨のあいだの毛を分けて、皮膚に直接滴下するのであった。薬品は急速に皮膚から吸収されて血液に入る。その血液を吸ったノミが死ぬという順序である。

使用上の注意として、

「本剤は皮膚から急速に吸収されるので、投薬作業者の皮膚に薬液が触れないように注意してください。誤って皮膚に付着した場合は直ちに石けんで洗い流してください」

「体重二キログラム未満の犬・猫、手術回復期の犬・猫には投与しないでください」

いたずらざかり

「反復投与する場合には、少なくとも三週間以上の間隔をあけてください」

などとあるから、相当の劇薬にちがいない。

コロとハリーに試してみると、ノミの死骸の干からびたのがバラバラ落ちて効果は見えたが、二週間もすると効き目はなくなって、再びノミがつくようになった。

一九八九年の夏は、ノミ大発生の年だったようで、猫を飼っている家で、ノミのついた絨緞をそのまま捨てたという話もきいた。

滴下式ノミ駆除剤はこのとき限りでやめ、翌年からはノミ取り首輪に変えた。ノミ取り首輪は思いのほか効果が持続して、このほうが安心して使えそうだった。

八月十五日（火）
子猫、イーゼルによじのぼって遊ぶ。

八月十九日（土）
ツクツクボーシが鳴きはじめたのは昨日のこと。秋の気配。ハリー、母親にならって、蝉をとってきては弟たちに渡す。午前四時三十分。

# 第七章　猫の運命

# 二度目の里親さがし

大勢の子猫をかかえたまま、一九八九年の夏は過ぎていった。

チビもミイコも、こうたくさんいたんじゃ——と、諦めてか、チビは隣の屋敷の広い庭の片隅に、ミイコは大使館のジャングルと森島さんの家の二か所をすみ処《か》にしながら、私の方へ出向いてくることはなくなった。

ミイコも、このころ、コロと同じ時期に産んだ三匹の子猫を育てていて、子猫たちは、ときどき、かわいい姿を現わすようになっていた。裏の給水タンクのあたりで遊んでいるのを見ると、黒白斑、キジ、シャム猫といった柄模様である。父猫のなかにシャム猫がいたということだろうか。このたびもまた、母猫のミイコゆずりの、すらりとした尾をもった子猫たちで、美しかった。

森島さんのところでは、この年、十月はじめから一年間、ご主人の仕事の関係で、家族揃ってアメリカに行くという。向こうでの生活に必要な車の免許をとるために、森島夫人は教習所に通う日々で、忙しそうだった。ミイコの三匹の子猫のうち、一匹（キジ）がいかにも弱そうで、留守のあいだ、うまく育ってくれるかどうか、とても心配だと彼女はいった。

「シャムは気の強い子猫ですから、ひとりで何とかやっていくと思いますけれど……」

わが家の子猫たちは、まだ家の中だけにいた。ベランダで遊ばせるくらいで、外には出さなかったから、マンションの人たちの目には、むしろ、猫の数が減ったように映っていたことだろう。それに、ジャックさんが亡くなってからというもの、駐車場やお堂の周辺に集まる猫の数はめっきり少なくなっていた。

しかし、うちの子猫たちが外に目を向けるようになり、親のあとについてバラバラとびだしていくのは、もはや時間の問題だった。今までのんびりしていたぶん、大至急、里親探しをしなくてはならなくなり、私は誰彼となく頼みまわった。しまいには、猫の好きそうな人は、顔つきでわかるようになった。

「外猫でもいいから、面倒をみてやってくれません?」

その日、四谷の喫茶店で、編集者と仕事の打合せのあと、私は外猫の話をもちだした。以前、「としとった父が、田舎で一人暮らしなんですけれど、猫を一匹飼っていて、ほかにも、外猫にきまったのがいて……」そんな話を、きかされていたからだった。しかし、猫についての苦情が近所からでていて、とてもこれ以上は無理です——と、編集者はいった。

「見て。ほら、こんなにかわいいの」

私は、持っていた猫のアルバムをひろげてみせる。

ちょうどこのとき、喫茶店の女主人が通りかかって、「まあ、かわいい」と、にっこりした。その顔を見て、これは猫好きだと直感した。

「うちで生まれたんですけれど、要りません？」

まったく藁にもすがる思いだ。

「いいえ。うちにも一匹、ウメ吉っていう牡猫がいるんです。マンション暮らしですし、昼間、娘は学校に行っていて、私が店に出ておりますあいだは留守になりますでしょ。二匹も猫の面倒はとても……」

相手はすぐに、予防線を張った。

「そのウメ吉くんのお友だちにどうでしょう。ひとりでお留守番じゃ、猫だって寂しくないかしら」

いいえ、二匹なんて、とても無理ですわ——と、彼女は笑いながら離れていった。

これで、編集者も喫茶店も駄目になったと諦めていたら、思いがけなく、喫茶店のほうから連絡が入った。ウメ吉の友だちに、一匹貰ってもよいというのであった。

突破口というものはいい方もおかしいが、一つ、事が動きだすと、次々動いていくものである。玉川の東急ハンズにあるニャンニャンハウスに電話をしてみると、三匹までなら引き取ってもよいという。トイレの躾《しつけ》はすんでいるかときかれたが、それならもう、しっかりできている。ほかには、駆虫薬を必ず飲ませておくようにといわれた。

そういえば、白い糸屑のような虫が、黒い子猫の肛門のあたりにいるのを見たことを思いだし、ダックス氏に電話で話すと、早速、駆虫薬を届けてくれた。あらかじめ、仕事場の猫たちを全員、書庫のある住まいの方へ運んでおいた。

ダックス氏は、子猫を一匹ずつ手にとって診て、「この黒い子は、ヘルニアですね」と、いった。求肥のようなお腹に一か所、ぷくんとふくれたところがあるのは、私も前から気がついていた。それが、知らない人に抱かれたもので、緊張して、固くなっている。

「この程度でしたら、毎日、指で押しこんでやっていればなおりますよ」

そういえば、ジャックさんも、あの〝やさしいトラ〟のヘルニアを、そうしてなおしてやったのだった。

喫茶店の戸波さんが、娘さんと一緒に子猫を貰いに来たとき、最初に目をとめたのが、この黒い子猫のポーだった。

「お母さんは、この黒いのがいいわ」

そういって抱きあげたのだが、しかし、すぐヘルニアに気づいてやめにした。オレンジのマーブル模様の牡（ミミ、のちのライアン）に決めて連れ帰ったが、ウメ吉くんとうまくいかなくて、すぐに戻されてきた。新参のマーブルが威張って、ウメ吉くんが小さくなっていてかわいそうというのが理由である。かわりに、白い牝の子猫をすすめて、連れ帰ってもらい、やっと今度はうまくおさまった。

それればかりでなく、友だちの美容院経営者が、白い子猫なら私もほしいといったとかで、にわかにもう一匹、白の貰い手が決まった。私が心の中で、〝玉三郎〟と名づけていた美しい牡の白猫は、美容院のほうに行くことになった。

八月三十一日の夜おそく、戸波さんの車の先導で、美容院経営者の吉本さんが、高級車で乗りつけてきた。前髪を金色に染めた、朗らかな女の人で、猫をいただくお礼の気持です——といいながら、立派な果物籠を差しだした。私は恐縮しながらも、ほっとした。きっと、玉三郎はかわいがってもらえるにちがいないと思った。ちょうど一年経った日に、「あれから一年経ちました。白ちゃん、元気でいます」と、電話で連絡してくれたのも、この人だった。白ちゃんこと玉三郎の正式名は〝平造〟というのであった。

戸波さんに、「子猫の名前、なんてつけました?」ときいてみたら、〝タマミツ〟というのにだいたい決まったような話であった。なんとなくアンミツを連想させる。その後、〝シラタマ〟が正式の名前になったそうで、いかにも喫茶店らしいのがおかしかった。

## ニャンニャンハウス

九月三日の日曜日、ニャンニャンハウスに、茶のブチ一匹を運ぶことになった。当初の三匹の予定を一匹に減らしたわけは、私を不安がらせる情報が、耳に入ったからだった。いくらニャンニャンハウスでも、そんなに次々、猫の買い手が現われるのは信じられない。きっと何かあるというのである。

しかし、あらかじめ、私が店に行き、店員からきいたところでは、一週間で、だいたい全部の猫が入れかわるという話だった。

ニャンニャンハウスでは、ペット用品などを売っている店の前に、大きな金網の檻があって、その中で、売りにだされた猫たちが、思い思いに遊んだり、昼寝をしたりしていた。牡は水色のリボン、牝は赤いリボンをくびに結ばれて、すぐに見分けがつくようになっている。

一匹だけ、もうかなり大きい、青みがかった灰色の美しい子猫が、まるで、ここのボスといった感じで、つくりものの高い木の枝で毛づくろいをしていた。すらりとした尾が、優美に垂れ下がる。水色のリボンもよく似あっていた。こんなに場慣れがしているのは、もう、だいぶ前からここにいる売れ残りということなのだろうか。そう思うと、哀れであった。

檻の前には、細長いベンチが置いてあり、お客はそこで、ゆっくり眺めながら、自分の好みの子猫をみつけるのである。

ニャンニャンハウスに引き取られた茶の子猫

間もなくの別れも知らずにハリーと

もしも、買い手がつかなくて売れ残ってしまったら、どうするのだろうか。

店員にきいてみると、

「いえ、大丈夫です。売れ残るようなことはありませんから」

断固としていう。そこから先へは立ち入らせない気構えが目に見えて、かえって、こちらは不安にさせられる。なにしろ、子猫はじき大きくなってしまうのである。

ニャンニャンハウスに、どれをつれていくか選ぶ段になって、ずいぶん迷った。黒い子猫はヘルニアなので、これはまず除外。マーブル模様は、わりとほしがられる猫だときいて、それなら、知っている人に貰ってほしいと思い、いや、店に置いてもらったほうがすぐに売れるだろうと、また思い直す。

ニャンニャンハウスでは、買い手（つまり里親）の住所氏名を明かさないことになっていた。トラブルを避けるためだという。以前、双方の住所を教えていたこともあったが、そうすると、手放したほうが、たびたび様子をききに電話をかけたり、また逆に、買ったほうが、自分の都合で猫を返すといってきたり、トラブルが絶えなかったのだそうである。

「犬では、こういうこと、ないんですけれどねえ。もっとあっさりしていて。でも、猫の場合は、よく起こるんですよ」

結局、私がもっていくことに決めたのは、茶トラの地にところどころ白い斑の入った、ごくありふれた毛なみの子猫になった。シラタマや平造よりも、性質は、このほうがずっと温和である。

朝早く、世田谷に住んでいる友人の村上さんが、車で迎えに来てくれた。彼女は、子どものころ動物に接した経験がなかったそうで、動物に対する感情はかなりクールだ。はじめから関心がないわけで、嫌いというのとも違う。

子猫は、車に乗るのははじめてで、不安がって大いに鳴く。「わるいところにつれていくんじゃないのよ」そういってなだめながら、こちらも不安になるのはどうしようもなかった。子猫の落ちつき先は、私にもわからないからだ。

ただ、何とかして知る方法はないかと思い、私は、自著『銀色ラッコのなみだ』の文庫本を一冊、バッグにしのばせていた。ちゃんとサインをし、名刺もはさんである。この子猫を買った人に渡してほしいと、店員に頼むつもりでいる。

「今まで猫ちゃんが使っていた食器とか、おもちゃとか、そういうものならお渡しできます」と、店員はいっていたけれど、それが本に変わっただけのことではないか。子猫と一緒に本を受けとった人は、きっと連絡をしてきてくれるにちがいない。

やっと目的地に着いて、形だけの手続きをすませ、手数料プラス猫の滞在費として、規定の千円を支払う。子猫を籠から取りだすと、「なんだ。ずいぶん大きいじゃないですか」と、店の人にとがめられた。

「ええ、きょうだいのなかでも、特別、発育がよくて……」

生後六十日までというのを大幅に超過して、八十日目に入ったことを、私はそんなふうにいってごまかした。

水色のリボンをつけられた私の子猫は、店員の手で、無造作に金網の囲いの中にほうりこまれる。今まで、きょうだいと一緒に家の中を暴れまわっていた屈託のない子猫にとって、身のすくむような事件にちがいない。囲いの中に設けられた、つくりもののほら穴にもぐりこむと、子猫は、顔をくしゃくしゃにしてうずくまってしまった。

「あらあら、あんなところに入っちゃって。あれじゃ、見えないじゃない？」と、村上さんがいう。

「そんなところにかくれてちゃ、皆に見てもらえないでしょ。早く出ておいで」

声をかけると、耳をぴくつかせるが、目は固くつむったままだ。ほかの子猫が覗きにくると、シャーッといって威嚇する。これではちっともかわいくないし、せっかくのチャンスを逃すことにもなりかねない。

「今に慣れるでしょう。そうしたら、きっと出てくるんじゃない？」

そういって、村上さんはのびをした。

私は改めて、まわりの猫たちを見まわした。

このあいだのボスは、相変わらず、高い場所から下界の様子を眺めて、余裕のあるところを見せている。

まるまる太ったかわいい三毛猫のきょうだいが、心細そうにくっつきあっているのが目に入った。二匹は金網ごしに、ベンチの女の人に向かって、ときどき訴えるように鳴いている。その人が、これまでの飼い主なのだった。彼女は目を赤くして、子猫との別れを悲しんでいた。

「猫がほしくて、いらしたんですか」

私がベンチに坐りかけると、彼女は早速、話しかけてきた。そうではないことがわかると、がっかりした顔になった。

「どんな方のところに貰われていくか、心配で心配で……。ここでは教えてくれませんでしょう?」

それで、こうして、里親の現われるまで待っているのだという。私にしても、まったく同じ気持であった。不安な気持の底には、五百円という売り値が、あまりに安すぎることもある。

「でも、売り値は安くても、結構商売にはなるんですって。ペット用品をいろいろ、ここで売ってますでしょう?」

二匹三匹と、子猫を持ちこんでくる人たちのなかには、すっかり場慣れのしている人もいた。彼女たちは、子猫との別れに、何の未練もためらいもなく、顔には微笑さえ浮かべて、割りきった様子なのだ。きっと、新しく子猫が生まれるたびに、ニャンニャンハウスを利用しているのだろう。いや、直接飼い主本人が来ないで、他人に頼んでいるのかもしれない。

　その日は、私も、夕方近くまで、ニャンニャンハウスの周辺をうろついていた。店の人がいったように、買い手もけっこういることがわかった。親子連れや若いカップルが来ては、子猫を選び、一匹、二匹と、予約のリボンがつけられていく。デパートで買い物などをしたあとで、連れて帰るのだろう。あの、かわいい三毛猫の一匹も、予約のリボンをくびに結ばれていた。

「よかったですね」

　まだそこにいる先刻の飼い主に、そういうと、

「ええ、一匹は何とか」

　彼女はちょっと微笑んで、再び猫たちの方へ、気づかわしそうな目を向ける。

　私の猫も、予約とは別の、小さい荷札のようなものをつけている。そして、檻の中に、二つ折りの厚紙が立ててあって、それにはマジックで次のように書いてあった。

「紙のしるしをつけた子猫には、著者から本のプレゼントがあります」

　私は、はずかしい気がした。

子猫をつれていった翌日は雨だった。

あれからどうなったか確かめに行こうと思いながら、夕方、昨日知りあったばかりの三毛猫の飼い主に、電話をかけてみた。

「私、結局、二匹ともつれて帰ってしまいました」

彼女は意外なことをいう。

「だって、一匹は確か……」

「ええ。でも、希望者の気持が変わったらしくて、キャンセルになってしまったんです」

それで、ひと晩考えた末、今日になって、二匹とも、自分で買いもどして、つれ帰ったのだそうだ。

「ママネコちゃんと再会できて、それはもう、大喜びではしゃいで……」

彼女はマンションの一階に住んでいて、猫を飼うなら出ていってほしい――と、猫嫌いの大家から強硬にいわれていると、昨日話したばかりだった。

「あそこに、まだ、あと五匹くらい残ってましたよ。雨でしたから、お客も来ないらしくて」

「うちの、どうしてました?」

「四時ごろには、まだいましたよ」

そうきいて、ほっとしたような不安なような、妙な気持だった。四時までいたのなら、今から行っても状況は変わっていないだろうと思った。こんな雨の日に、わざわざ子猫を買いにくるお客はいないにちがいない。

次の日、私がニャンニャンハウスに行ったのは、もう閉店間際になっていた。あたりに人影もなく、日曜のあの賑やかさがうそのような侘しさだった。

金網の中を覗いてみると、白い子猫が一匹いるだけで、ほかに、猫の姿はどこにもなかった。水を撒いて、きれいに掃除がされている。猫たちを、夜は別のケージに移すのかと思ったが、そうではなかった。

奥にいた店員に、本をプレゼントにつけた子猫は、貰い手があったかどうか、きいてみた。

女子店員は一瞬、こちらの視線をはずすようにした。それが、私の心にひっかかった。

「ここに本がありませんから」

店員は、そんなないい方をした。買い手の名簿を確かめようとしないのが不自然であった。彼女はさらに、自分はそのとき、店にいなかったし、詳しいことは表にいる係長にきいてほしいと、迷惑そうにいう。私は急いで外に出ると、トラックの前にいた係長を呼びとめてきいてみた。

「ああ、あれ、売れましたよ」

なぜか、晴れ晴れしない顔つきでいう。厄介な客ではないかと迷惑そうだ。

「いつ、売れたんですか。昨日ですか」

「いや、今日」

「何時ごろでしたか」

相手がはかばかしく答えないもので、こちらもつい畳みかけるような調子になった。

午前十一時ごろ――と、相手は答えた。

「どんな人のところへ行ったんでしょうか」

「十九歳くらいの男の……、いや、女の子……でした」

この人がいっていることは、本当なのだろうか。私は不安になった。そこで、しつっこいのを承知で、さらに尋ねた。

「ここにいた猫たち、昨日の夕方まで、五匹くらい残っていたらしいんですけれど、今、一匹しかいませんでしょう？　みんな、売れてしまったんですか」

「ええ。みんな売れました」と、彼はいった。

売れたというのはたぶん本当だろう。ただ、その行く先が問題だった。実験動物用か、あるいは三味線の皮にされてしまうか、わかったものではない。そうした先には売らないという保証は何もないからだ。青いリボン、赤いリボンのかわいい子猫たちは、きっと、猫好きのやさしい人に飼われて幸せな一生を送るだろうと、勝手にこちらが思いこんでいるだけのことである。

ここへ子猫をつれてきたのは間違いだったかもしれない。そう思うと、私はにわかに落ちつかなくなった。顔をくしゃくしゃにしてうずくまっていた茶のブチの姿が目に浮かぶ。

さっぱりしない気持のまま、帰ろうとしかけたが、しかし、このあとに、思いがけない出会いが待っていた。

金網の前のベンチに、さっきは気がつかなかったが、たった一人そこに腰かけて猫を見ている、若い女性がいた。きけば、ときどき勤めの帰り、ここに立ち寄るという。

「本当は飼いたいんですけど、一人暮らしで、旅行のときに困るものですから」

私はたちまち、家にいるもう一匹の子猫、ミミのことを思いだした。そうだ。あのマーブル模様の猫を貰ってもらおう。旅行のときは私が預かることにすればいい。

いきなり会ったばかりでのこんな話も、思いがけなくすらすら運び、その夜のうちに、彼女はわが家へ、子猫を受け取りにきたのであった。権頭さんといって、奄美大島出身の人だった。帰る途中、子猫がバスケットの中で便をして、手足を汚していたのを、乗り継ぎ駅のトイレで洗ってやった――と、電話がかかってきた。

ミミの新しい名前は〝ライアン〟になった。

ライアン

ライアンは、自分のお気に入りの場所、わが家の南側のフラワー・ボックスに、ちょこんとおさまって、外を眺めていた。

ライアンは、権頭さんのところに二日いただけで、再び戻ってきた。彼女が郷里に帰るためで、九月八日から十八日までの十日間、預かることになったのである。私のところは猫の実家というわけだった。

この猫は、あまり物事に動じない、おっとりした性格である。それに、ほとんど鳴くのをきいたことがない。マーブル模様は美しいし、一匹残すなら、黒いのよりこっちのほうが猫らしくてよかった——と、私は勝手なことを考えた。

黒猫のポーは、黒一色なものだから、顔つきが他の猫とはぜんぜん違って見える。黒いなかに金色の目だけが光っていて、私はいつも、オセローを思いだした。縞柄の猫と違って表情がわかりにくいし、赤い舌が目立って、ちょっと気味のわるいような感じがするのも事実だ。しかし、この猫の、目の表情の豊かなことや、性格のよさは、のちになってはっきりした。

権頭さんが帰京して、ライアンはまた、新しい飼い主のもとへ戻っていった。あとは、黒猫の行く先をみつければ、一件落着である。ただ、ヘルニアがあるので、そう簡単に貰い手はみつからないだろう。成長してから手術の必要が起こってくる可能性もある。

いつも利用している池袋の画材屋、池袋画荘に、ひとり、猫好きの若い男の人がいて、猫の写真を見せたところ、「黒い猫なら、貰い手がいるかもしれない」と、いった。

「黒猫はモデルになるでしょう？　画家の先生で、ほしがる人が、よくいるんですよ」

「モデル……ねえ」

そのことなら、私も考えないわけではなかった。黒一色ということで、猫独自のしなやかな動きが強調され、優美なシルエットを描くから、画材には、もってこいなのである。

日本画を勉強中の友人も、「黒猫がいるの？　いいわねえ」といった。ただ、残念なことに、猫を描いてみたいものの、彼女は動物嫌いなのである。

黒猫は、私のモデルということで、うちに残すことにしようと決めた。

黒猫の名前は、すぐ〝ポー〟に決まった。小説『黒猫』の作者エドガー・アラン・ポーに因んでの名前である。

わが家は、母猫のコロ、息子のハリー、そしてポーの三匹に、やっと落ちついたかのように見えた。

## 猫をめぐるトラブル

仕事場のマンションの、北側の外廊下は、ほとんど人が通らない。廊下を通らなくても、住人は、玄関のドアから直接、外に出られるからである。理由はもう一つあって、外廊下は風呂場と納戸に面していたから、水音などが聞こえていると、そこを通るのが遠慮がちになる。新聞配達も、階段を昇り降りしながら、縦に配って歩く。三階だけは、集合郵便受けや掲示板のある関係で、人通りもわりとある。

ところで、わが家の大型ガス湯沸かし器は、換気口の取り付け方がわるくて、使用中は常に北側の窓を開けておくよう、ガス会社からの指示があった。外廊下はめったに人が通らないものと安心していたら、ちょうど子猫が生まれた年の夏ごろから、夜になって、ときどきそこを一人の男が通るようになった。しかも、通りすがりに、わざわざ中を覗き見ていく。ちょうどその時間帯、私は風呂場の掃除をしている。男は、わが家の玄関先からいったん階下に降り、少しすると、また戻ってくる。それが同じマンションの住人だと気がついたのは、しばらく経ってからのことだった。

この夏は異常な暑さで、うちの猫たちはよく、風呂場に涼みに来ては、タイルの上で平べったくなっていた。夜になると、猫たちは居間の方へ移動する。

おそらくは、見まわりにきた人物の奥さんが、たまたま通りすがりに猫を見かけたのにちがいない。「よし、それなら、ひとつ俺が確かめてやろう」とか、そんな話になって、帰宅後、主人のほうが覗きに来るようになったのだろう。

マンションでは、犬猫を飼ってはいけない定まりになっていた。いきさつはともかく、私は違反者といわれてもしかたのない立場にあった。

このころ、五階の、犬を飼っていた家では、転勤のため、犬のウィリーをつれてアメリカに渡っていた。しかも、三階の森島さんのところも、間もなく不在になってしまう。私にとっては、マンションでの動物の責任を、一身に負わされた感じである。もちろん、これは、ミイコ一家にとっても、一つの事件といっていいほどのことだった。

森島さん一家の出発の前日、夫人は、ニボシ二袋を持ってわが家に挨拶に訪れた。

「シャムは強い猫ですから、何とかやっていくと思いますけれど……」と、彼女は繰り返した。

こうして、ミイコの子猫たちも、私のところへやってくるようになった。しかし、森島さんが心配していた、からだの弱いキジの子猫は、一家が不在になると、すぐに姿を消してしまった。よほどのショックだったのだろう。

また、気の強いはずのシャムは、あまえんぼうの人恋しがり屋に変身し、私のあとばかりでなく、誰のあとでも慕ってついていくようになった。シャムが道を歩いていると、「まあ、綺麗な猫!」「何だい、こいつ。面白いやつだなあ」そういいながら、人は振り返る。なにしろ、シャムは目立つのだ。

焦茶色の大きな耳、その色がぼかされて、からだは薄茶色の短毛で、長い尾のつけねから再び焦茶になる。青い目がずいぶん小さくて、それが左右とびはなれているのが、ご愛嬌だった。シャムは別所坂を、私について、無防備にころがるようにかけおりる。猫というよりは、子犬のようだった。外で、私の足にからだをすり寄せているシャムを見て、三階の服部さんが、「そのままで、絵になってますねえ」と、感心したようにいった。

黒白斑の子猫は、森島さんに〝クロ〟と呼ばれていた。しかし、私がその名を呼ぶと、コロがとんでくる。発音が似ているからだ。それで、勝手に〝クー〟と、名前を変えさせてもらった。そのクーも、シャムに劣らず人なつっこく、マンションの外廊下に、やはり無防備に寝そべっている。うちのポーが気にしても平気である。

ミイコは、坂下のどこかに、ひとり場所変えをしてしまった。庚申堂のあたりで、たまたま親子が一緒になっても、ミイコは、シャムやクーをうるさがって追いはらい、自分はさっさと、坂をかけおりていってしまう。

シャムもクーも、隣のマンションと、別所坂のマンションと、往ったり来たりしながら、猫好きの人たちにかわいがられて、何とか暮らしていた。

シャムには仲好しの猫がいて、同い年くらいの、まだ子猫の感じのぬけきれない牝の三毛猫だが、黒とオレンジの斑が片目にかかっていて、そのせいだけでもないのだが、こわい感じがする。全体が、糸を巻いた手毬のようで、私は〝マリ〟と呼んでいた。

ところで、このころから、不思議なことに、集合郵便受けのわが家の名札が、ときどき抜きとられるようになった。ときどき——というのは、名札はまた戻ってきたり、そのへんに落ちていたりするからである。ビニールケース入りの名札はきっちりはめこまれて、容易にぬきとれないようになっているから、これは子どものいたずらとも思えない。

「お引っ越しになったのかと思いました」

真下の三階に住むお年寄りにいわれて、私はむしろ、ほっとした。日ごろ、猫たちの走りまわる足音が、階下に響きはしないかと、心配していたからだった。

名札抜きの子どもじみた嫌がらせはしつこくつづいた。あるとき、たまたま抜きとろうとしているところを見かけたら、極端な動物嫌いの近所の主婦だった。

この主婦に限らず、世の中には動物大嫌いという人がいて、とかく感情に走りやすい。いつだったたか、私の書庫兼住まいがある坂上のマンションでの総会の時で、「猫を射殺しろ」とどなった若い男がいた。

人間優先の社会で、なお動物を認めようとしない人々は、せっかく、この世に生をうけながら、自分の殻に閉じこもり、ずいぶん狭い世界を生きていると思わずにはいられない。

「猫は、マンションに、ダニをもちこみますでしょう?」そういって、顔をしかめる主婦もいた。

管理会社の通達のなかにも、猫はノミ・ダニなどを運んでくる——と、書かれてあった。しかし、それは、外を歩いている人間だって同じである。靴の裏の土に付着して、いろいろなウイルスも運ばれてくる。まして、ダニのいない家はない。ハウス・ダストの中に、三十五種類ものダニのいることがわかっている。

「うちだって、子どもが犬か猫を飼いたいといっているのを、ここは飼っちゃいけないマンションだからって、とめているんですよ。小さい子どもだって、ちゃんとききわけてますよ」。そんな非難の声もきこえてきた。

「マンションの規則のほうを、変えたらいいんですよ。動物を飼ってもいいマンションに。一度、そちらの理事会にはかってみてはいかがですか」と、ダックス氏はいった。

「私どものところでは、途中から、動物を飼ってもいいマンションに変えましたが、いまだにトラブルは起こってませんよ。わが家では、室内犬を二頭飼っていますし、ほかにも、うちのマンションで、犬や猫を飼っている人たちはたくさんいます」

しかし、〝動物を飼ってもいいマンション〟にして、多数の人が大っぴらに飼いだしたら、それはそれで、もっといろいろ問題が起こってくるのではないだろうか。

とりわけ、猫は、人間とともに家の中で暮らしながら、ちゃんと猫社会の一員として行動する動物なのである。その縄張り争いも相当なものだ。

――と、ダックス氏が、不意に、思いがけないことをいった。

「そういっちゃ何ですが、どうせお飼いになるなら、もっと血筋のいい猫を飼われたらいかがでしょう」

私は唖然として、相手の顔を見返した。にわかに話が通じあわなくなったような、そんなショックをうけた。

今の猫たちだって、飼いたくて飼いはじめたわけではなかった。いわば、わが家が、猫の〝駆けこみ寺〟だったということなのである。

血筋のいい猫――、それは、ペルシャ、シャム、アメリカン・ショートヘア、ロシアン・ブルー、アビシニアン、チンチラ等々、いわゆる洋種の猫たちのことで、ペット・ショップで売っているのがこの種の猫だ。専門のブリーダー（繁殖家）も多く、雑誌

『猫の手帖』に、〝子猫生まれています〟の広告をのせている。猫のブリーダーには、意外と女性が多い。

「当キャッテリーでは、JO-NI系（現在、米国での優秀血統）の猫で、ラインブリードを行っております。かわいい子猫が生まれています。お気軽にお電話下さい。全国空輸も致します。

CITYCHIC　cattery

アメリカン・ショートヘア専門」

このほか、〝全国一流キャッテリーよりグランド・チャンピオンが入舎した〟という知らせものっている。キャット・ショーにも出陳できる猫が眼目のようで、キャット・クラブも幾つかある。

うちの近くの家具屋の女主人もキャット・クラブの会員で、自分で猫を飼ってはいないが、猫の置物を店にたくさん飾って売っていた。キャット・ショーに必要な衣裳も、自分で作って売っていると、いつか見せてくれたことがある。

キャット・クラブの会長には、俳優とか歌手とか、知名人の名があって、特権階級の華やかな社交場のような感じをうける。庶民的な愛猫家とはまったく質の異なる存在だ。

猫をかわいがる気持は同じでも、飼い主の名誉欲のようなものが入ってくれば、その愛情は自然とエゴにつながってくるのではないだろうか。

のちに、ハリーを、予防ワクチンの接種に、近くのK動物病院につれていったとき、病院の待合室にいたのが、そうした、いわゆる〝いい猫〟（アメリカン・ショートヘア）だった。ハリーが大声をあげて鳴くのを、その猫は、近寄ってきて不思議そうに眺めた。まったく躾のいい、もの静かで上品な猫だった。

私が〝いい猫〟に飼いかえようとしないのを見て、ダックス氏は、それ以上すすめることは諦めたようだった。

「もし、このままでしたら、ハリーくん一匹だけになさるんですね」

しかし、現にいるコロやポーをどうしようというのだろう。

ダックス氏はまた、ケージ飼いをしきりにすすめた。家で仕事をしているときや来客のあるときのために、ケージに入れる躾を、早いうちからするべきだという。

「今度、一緒に見にいきましょう。ケージの種類の揃っているデパート、私知ってますから」

彼はあくまで親切であった。

コロの二回の出産で、七匹の子猫の行く先を、やっとの思いでみつけてから、私は避

妊のことを本気で考えはじめた。早くしないと間に合わなくなってしまう。ダックス氏に相談すると、意外なことに、

「私自身は、そういう不自然なことは、しないほうがいいという考えなんですが」といった。

「動物のからだに、最初からなくていい臓器はひとつもないはずなんです」

それはその通りにちがいない。しかし……。

「でも、二度も産んだのですし、避妊したほうがいいと思うんです」

これ以上ふえたら、もう、どうしようもない。コロも充分、母猫としての幸せを味わったわけだし、私自身に罪深い思いはなかった。

「弱りましたね」

電話の向こうで、相手はいった。

「どこか、ご存知の病院を紹介していただけると有り難いんですが」

「でも、そういっちゃ何ですが、お宅の猫、もとはのらでしょう？　そこまでするのは正直いって、もったいない気が……。私がやってあげられるといいんですが、ボク、開業じゃありませんから」

そのかわりに、獣医仲間で行っている、人為的に牝猫の生殖器を刺激し、排卵を促す方法というのを教示してくれた。排卵が誘発されると、牝猫の発情はおさまっておとな

しくなり、牡猫を挑発するようなこともなくなるという。

しかし、これは避妊の確実な方法ではなかった。十月に入って、コロのお腹はまたもや大きくなった。そして、十月二十五日、コロはこの年三回目の出産で、五匹の赤ちゃん猫を産んだのだった。

## 大いそがしの日々

「また、生まれたの？」

友だちも、今度ばかりは呆れている。

「お宅の、多産系なんですね」

そういう人もいる。

しかし、年に三度の出産は、健康な猫にとってきわめて普通のことなのだった。自分の決断で、早く避妊の手術をすませておけば、こんなことにはならなかったのに――。

そう思っても後の祭りである。

「時期がわるいわよ。師走に入ったら、人は忙しくて猫どころじゃなくなるでしょう？　貰い手なんて、みつかりっこないわよ」

無情にも、友だちは、私の心に追い討ちをかける。

「でも、クリスマス・プレゼントとか……」

「猫のクリスマス・プレゼントなんて、きいたこともないわ」

よし。こうなったら、コロにとって最後になる赤ちゃん猫の誕生と子育てを、しっかり見ておこうと、私は気持を転換させた。

二度目の出産のとき、母猫の介添え役をつとめたハリーは、今回は、第一子の世話をみただけで、あとは、面倒くさいやとばかり、弟のポーにまかせてしまった。そしてポーがハリーにかわって、助産婦の役をつとめた。産室の段ボール箱が窮屈だったせいか、コロが足を踏ん張るはずみに、赤ちゃん猫の一匹は箱の隅に押しつけられて、気がつくとすでに死んでいた。

二匹だけを残して間引きをしてはどうかと、ダックス氏はすすめた。二匹残す理由は、そうしないと母猫の乳が張るからであり、また、これだけの数なら、貰い手探しもかなり楽になろうというわけである。

「牡のほうが貰い手が多いですから、牝を間引いて牡だけを残しましょう」

残りの二匹は、犬猫の引き取り実績の高い動物愛護センターに、自分が運んでもよいという。これだと簡単に一件落着であり、願ってもない方法のようにも思えたが……。

しかし、この好意の提案を、私は辞退した。猫たちに申しわけない気持のほうが強かったからだった。

動物に対して、果たして人間がそれだけの権限をもっているのだろうかという気もした。できるだけの努力をしたうえでなくては、罰が当たる。

「安楽死という方法もありますよ。ご希望でしたら、あなたが抱いている腕の中で、注射をして、死なせてあげることもできますが……」

元気でいる猫を――ですか？　とききかけて、私は黙った。相手はすべて私への好意からそういっているのである。しかし、医師という職業は、こわいと思った。

ハリーは相変わらず赤ちゃん猫をかわいがったが、ポーも、はじめて見る弟たちが珍しく、ただもう、かわいくて仕方がないらしかった。籠の中で眠っている赤ちゃん猫を、うっとりと眺めている。ときには自分も一緒に籠に入って抱いてやっている。かわいさあまって、食べてしまいたいくらいらしい。そんなポーに、母猫のコロは安心して子をまかせていた。

またポーは、子猫にまじって母猫の乳を飲みはじめた。自分だけで飲んでいることもあって、ハリーのときと同じであった。

生まれた子猫四匹のうち、牝は一匹で、あと三匹は牡だった。牝の比率の低いことが、このたびも実証されたわけである。そして、やっとみつけた貰い手の小林さんは、すでに飼っている牡猫〝ルッくん〟の友だちにと、なんと牝の子猫を希望したのだった。

たった一匹の、牝の子猫は、地模様が濃いオレンジと茶の縞柄で、その上をさらに黒い毛が覆っていた。二匹の父猫を連想させる変わった毛色で、顔は黒いが鼻すじはオレンジ色という奇妙なとりあわせの猫だった。何となく、もぐらに似た感じで、どうせ貰い手はなかろうと、私は〝ミックス〟と名づけていた。しかし、そのミックスが、毛色もすべて相手の気に入ったのだから、人の好みもさまざまである。

そのうえ、ミックスが、尾の長い茶トラの一匹と遊んでいるところを見て、引き離すのはかわいそうだからと、二匹を貰ってくれることになった。暮れも押しつまった十二月二十九日の夜のことだった。

生まれてからすでに二か月が経っていた。人間でいえば五歳の腕白盛り、離乳期を過ぎて、新しい環境に慣れるにもちょうどよい時期だった。

ミックスは、〝ちっちゃん〟と呼ばれ、その後ルッくんと仲よく暮らしている。ちっちゃんと一緒に貰われていった、もう一匹の茶トラは、そこからさらに、別の一人暮らしの女性（管野さん）のところに行くことになった。〝マイケル〟と名づけられ、呼び名は〝マイキー〟。飼い主の転居で、一緒に連れていったものの、引っ越し先では自分からのらになって、食べものだけ貰いに通う毎日だという。

猫の運命もさまざまである。

さて、私の手もとに残った二匹の子猫のうち、一匹は、短い尾がねじれた茶トラで、もう一匹は、黒い縞模様の美しいキジ猫だった。キジ猫は尾も長く、敏捷で、魅力的な子猫で、見ていて飽きない。跳躍力も抜群で、高窓の敷居に苦もなくとび移る。長い尾が、バネの役割をするのではないかと思えるほどだ。その点、ハリーの幼いときは、いちいち母猫の教育が必要だったことが思いだされた。

もし、手放すにしても、この魅力的な子猫はいちばん最後にしようと、私は考えていた。

ポーが、弟たちをかわいがることといったら、かつてのハリーに負けないほどで、いろいろと面白いことをして、弟たちを遊びに誘う。また、毎朝二匹をつれて散歩に出かけていく。見ていると、実に注意深く気をつかっている。ポーの目は保護者の目だ。帰るときも、ちゃんと二匹をつれて帰ってくる。

それでも、やんちゃなチビどもは、勝手な方向に走りだし、たちまち迷子になってしまう。マンションは、どの階も同じつくりなので、四階と五階を間違えることがたびたびだった。

こんなときは、もちろん、大声で鳴いて呼ぶ。たいていは、ポーより早く私のほうが、子猫の居場所に気づく。急いで外に出て、五階に行ってみると、案の定、子猫は、閉まった風呂場の窓にのびあがって、「ここ開けて！」と叫んでいる。そうして、中にいる

産婆役を務めるハリー

ポーもハリーに見習って

左から，ゲンキ，タロウ，マイケル，ちっちゃん

ポーは弟たちがかわいくて
仕方がない

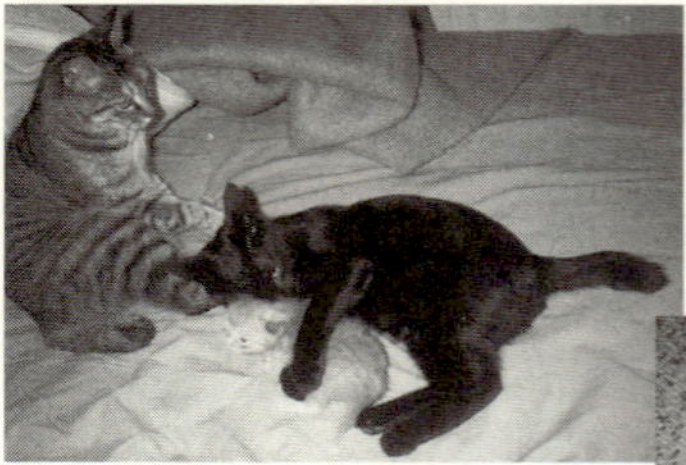

ポーは特にゲンキが
大好き

赤ちゃん猫といっしょに
乳をのむ

と思った私が、変な方角からやってきたもので、不思議そうにきょとんとした顔つきになる。

「あんたのおうちは、ここじゃないでしょ」いいながら抱きあげて、下に連れていく。

こんなことを二、三度繰り返したのち、やっと間違わないようになった。

二匹の子猫が貰われていった次の日——、机に向かって自著の校正をしていると、風呂場の方で、ガタンと大きな音がした。私のそばで寝ていたコロとハリーが、むくっと起き上がり、すぐに部屋を走り出ていった。何事かと行ってみると、猫たちは、湯船の蓋の上にのって、中を覗きこんでいる。ならべた蓋の一枚が、下のタイルに落ちていて、さっきの音はこれだったのだ。

猫たちは全員揃っていると見えたのだが、よく見れば、茶トラだけがいない。もしやと思い、中を覗くと、茶トラが水の中で必死に手足を動かしていた。こんなときは声もださない。声をだせば、そのぶん、力が重みとなって沈むからだろう。

私は急いで水からすくいあげ、乾いたタオルにくるんでごしごし拭く。ドライヤーをかけたところで、やっとこちらも落ちついて、ストーブの前におろしてやった。

やれやれ、まったく目が離せないったら。こちらもついでにひと休みで、コーヒーを飲みながら、「お前はなんて元気なの?」と、私はいった。いいながら、茶トラの名前を〝ゲンキ〟に決めた。里親がみつかるのを希って、今まで名前をつけていなかったの

ゲンキが溺れかかった湯船をのぞくハリー

である。そろそろ、呼ぶのに不便を感じていたときでもあった。

キジ猫のほうは〝タロウ〟とつけた。

タロウは、散歩のたび、マツボックリをひろって帰ってくる。大使館側の松の幹が、マンション側に塀をつきぬけて生えていて、マツボックリをよく落とす。タロウはマツボックリが気に入って、家に帰ってから、それをおもちゃにして遊ぶのである。ゲンキは、マツボックリゲームに参加はするけれど、自分でそれをひろってくることはない。

ゲンキとタロウはテレビが大好きで、〝自然〟の番組を飽かずに眺めた。オーケストラの指揮者がタクトを振るのを見るのも、好きだった。コロやポーも、時々いっしょにテレビを見る。

テレビを見る猫たち

十二月三十一日の大晦日の夜、久しぶりに坂のところでミイコと出会った。

ミイコは目的のある歩きぶりで、忙しそうに、お堂の前の坂を降りていく。

「ミイコ、どこに行くの?」

声をかけると、ミイコは振り向いて嬉しそうな声をあげた。彼女は急いで、私のところへ戻ってきた。

坂をのぼってきたおばあさんが、「まあ、猫が返事をして」と、微笑みながら足をとめた。

ミイコは、ちょっと考えるような顔をした。私もまた、家で待っているコロたちのことを、ちらと思った。

「じゃ、またね」

私がいうと、ミイコもにわかに自分の用事を思いだしたらしく、急いで坂を降りていった。

母猫のコロは、正月明けの四日、避妊手術のため、入院させることになった。ダックス氏がわざわざ、彼の友人である神奈川の開業医のところに運んでくれた。そうして、無事、避妊手術をすませて、六日に戻ってきた。中目黒の駅に私はコロを受けとりにいった。ダックス氏は、「おとなしい猫ですね。電車の中でも、鳴き声ひとつたてませんでしたよ」といった。

ところが、運搬籠を受けとって、駅構内から出た途端、コロは大声で鳴きはじめた。駅からわが家までの十分間というもの、コロは声を張りあげて鳴きつづけた。まるで、今までの我慢を一時に爆発させたかのような勢いだった。なんで自分をこんな目にあわせたのかと、抗議しているのだ。コロの身になってみれば無理もなかった。

コロのお腹を見ると、切開した跡の一センチ五ミリくらいの小さな傷があり、ホチキスでとめてあった。こんなに小さな傷口から手術の行われたのが不思議な気がした。

一月十二日、抜糸のために、ダックス氏は仕事場に立ち寄ってくれた。

ともかく、これで子猫が生まれる心配はなくなったわけで、私は、二月末からの三回目の個展の準備で、終日、制作に没頭することになった。

退院後、コロは、二匹の子猫が乳くびをさぐりにくるのを、うとましそうにするし、また、ポーが寄ってくると、恐ろしい形相でにらみつけ、外へ追いだそうとする。ポーは、気がやさしいうえに、陽気で明るい申し分のない猫なのに、コロはポーを嫌うようになってしまった。寂しくなったポーは、このころよく、兄貴のハリーの乳くびを吸うようになった。ハリーもいやがらずに吸わせていた。

この年の幕明けは寒さが厳しく、東京でもかなりの雪が降った。外をとびまわっているわが家の猫たちは、どれもカゼをひいて、しきりにくしゃみをした。真っ先にカゼをひいたのはハリーで、退院してきたコロを除いて、たちまち全員がうつってしまった。ゲンキは目から涙を流し、おまけにひどい鼻づまりで、呼吸が苦しそうだった。ポーは口内炎で、口から泡をふき、パクパクやっていたし、タロウは冷蔵庫の上で、まるで刻《とき》を告げる雄鶏みたいに、ときどきくびを長くのばしては、シャックリのような発作を繰り返している。大変なことになってしまったわけだが、それほど私は慌てていなかった。野生のままの猫たちは、病気に対しても強い抵抗力をもっていると、思いこんでいたからだった。

猫は病気に罹っても、たいていは自分の力でなおしてしまうよ——と、昔、石森教授もいっていた。その言葉通り、最初に飼ったトラは、病気をしたけれども、自然治癒で元気になった。

しかし、四匹が苦しんでいるのを見ていて、ほうってはおけない。またもや、ダックス氏に電話である。

「それはお困りでしょう。仕事の帰りに、そちらにお寄りしますから」

ダックス氏は、快く引き受けてくれた。しきりにすまながる私に、「乗りかかった舟、猫に関しては運命共同体のようなものですから」といって笑った。

その言葉通り、三日つづけての往診となった。食卓が臨時の診察台に変わり、ポー、ゲンキ、タロウの順に、それぞれ抗生物質の注射がうたれた。ハリーだけが、恐ろしい

ストーブの前で，ゲンキ（左）とタロウ（手前）

ハリーの乳くびを吸うポー

目で、彼をにらみつけ、診療を断固としてはねつけた。何しに来た？　――と、闖入者をとがめる目だ。

「いろいろな人に接してない猫に、時折り、こういう猫がいるんですが……。ハリーくんはそうなんじゃないでしょうか」

「いいえ」と、私は否定した。私たち（ハリーと私）が、いつか、廊下で森島夫人と行き会ったとき、ハリーは頭をなでられ、まんざらでもない顔をしていた。そのことを思いだしたからだった。

「しかたがないんです。彼らの縄張りに、よそ者の私が入ってきたわけですから」と、ダックス氏は、自分を納得させるように、そういった。

抗生物質をバターでねって、丸薬のようにして、猫の口に入れるやり方を、このとき教わった。しかし、これも、ハリーは断固として拒絶した。

「こんなとき、夜は一緒に寝てあげるんですね。猫の病気は幸い人間にはうつりませんから。昼間は湯たんぽであたためてやってください」

日ごろ、一緒に寝る習慣はなかったから、猫たちは大喜びで私のベッドに入ってきた。昼は、有り合せの大徳利を湯たんぽにして、猫用毛布に入れてやった。

ともかく、このときのカゼは、これで一応おさまったかのように見えた。恐ろしい脱水症状にも至らず、猫たちはまた元気に、よく食べるようになっていった。

いたずら盛りのゲンキとタロウ

日だまりで

私のほうは、相変わらず休む暇もない毎日がつづいていた。四月に出版の本の校正や、最終段階での資料の見直し、写真の打合せなどで、毎日外出する。帰宅時間もまちまちで、ときには深夜に及んだ。

猫の食事も、昔と違って、缶詰やドライフードがあるから、こんなときはずいぶん助かる。ときどき、コロが、猫用に短く切ったチクワを、どこからか運んできていた。のらのための食料で、足りないぶんをまかない、食事に変化をつけていたのだろう。

## 事件つづき

仕事場のマンションの、十年目の外装改修工事が、二月末から始まっていた。大がかりな架設工事で、一階から六階まで鉄パイプの足場を組み、外側は青いビニールシートですっぽり覆われてしまった。作業員は足場にわたした金属板の上を歩いて、自由に、どの部屋のベランダにも行ける。

あるとき、ふと顔をあげると、ハリーが南西の窓のフラワー・ボックスに坐ってこっちを見ている。窓が閉まっているのに、そこにいるということは——。

「ハリー。どこからきたの?」

窓を開けると、ハリーは上機嫌で部屋にとびこんできた。

工事用の足場は、猫たちの恰好の遊び場になって、ときに、ハリーと牡ののらが、そこで追いかけっこをしたりする。

「猫がいるよ。あんなところに」

子どもの甲高い声もきこえて、私は家の中で小さくなった。

そのうち、子どもまでが猫のまねをして、足場を歩くようになった。むろん、こんな危険な遊びは、親たちが叱ってやめさせた。

一九九〇年五月三十一日（木）晴
電話をかけている隙に、いつも猫たちはいたずらをする。今日も、電話の最中、台所の方でゴソゴソ音がするので変だと思っていたら、パック詰めのコウナゴをばらまいている。犯人はタロウ。叱りつけて、頭を叩くと、爪もださずにあおむけになって降参、もうしませんの姿勢。玄関に逃げ、風呂場に逃げるが、外には行かない。部屋に戻ってきたところをぎゅっとにらむと、タロウも負けずに、大きなまるい目をするが、向こうはにらむというのではなしに、不思議そうにしている。
私としては少ししつっこく叱ったので、気になり、ミルクを器に入れて、横になっているタロウの前に置く。そうしたら、タロウのやつ、横になったまま、片方の前足をミルクに浸し、振ったので、まわりじゅうにミルクが散る。思わず笑ったら、もう一度同じことをして見せてくれた。

今日はコロと宵寝。コロ、幸せそうにのどをフルフル鳴らす。外へ行くと、ダッシュでついてくる。

一日中、ハリーは姿を見せなかった。

六月一日（金）曇

ハリー、夜おそくになって帰宅。いつものように、ウオーンと大声で鳴いて、いばって入ってくる。さすが長兄だけあって、寝るのにいちばんいい場所を占領する。きょうだいは遠慮して席をゆずる。

ハリーは生後一年四か月。人間の年齢に換算して二十歳の成人式を迎えたころで、夜の外出が頻繁になっていた。

ハリーが恋猫をつれてきたのも、ちょうどこの六月のことだった。相手の牝猫は、どこかで大事に飼われている猫らしく、大きな鈴をつけていた。すばらしく美しい猫で、薄墨色の、しだれ桜の感じの模様がある。全身白無垢の地に、ちょうど前髪に当るところと、背から振り分けに、このしだれ桜がある。黒目の大きないい表情で、これではハリーが夢中になるのも無理はない。私だって、一緒に置いてやりたいくらいだった。

ただ、玄関前で恋鳴きをされては近所の手前困るので、追いはらってしまう。しかし、何もそうまでしなくてもよかったのだ。私がそっと家にひっこめばすむことだった。察しのよい猫たちは、それだけで、どこか人目につかないところに去ったにちがいない。ハリーはすごい目で、からだを低くしながら、美猫を追いかけて走り去った。せっかく連れてきたものを、私は、ハリーの立場を台なしにしたのかもしれなかった。

家にいる猫たちは日々、さまざまな事件をひきおこす。そのことにかまけて、このころ、昔なじみのチビたちとのつきあいは、ついおろそかになっていた。

それに、猫たちの縄張りははっきりしていて、コロの一族が飼い猫になった今、ほかの猫家族は、容易にその縄張りに入れなくなったのである。

チビが、幼いリリをつれてきて、何とか、わが家に入りこもうとしていた姿が目に浮かぶ。チビは、それ以前にも、かわいい三匹の赤ちゃん猫を連れて見せにきたことがあったっけ。

チビは苦労の多いわりに、気のいいぶんだけ、要領のわるい猫だった。その点、コロは何とたくましく、賢いのだろう。

決まった家で暮らしたいと思ったら、コロのように、これぞと見こんだその家で、強引に赤んぼうを産むに限る。その家は、なるべく家族の少ないほうがいい。訪問客も、あまりないほうがいい。

飾り棚の上の猫たち

ミイコは、大きくなった子と離れて、ひとり、坂下の方へ場所変えをしてしまった。

チビは、老夫妻の屋敷の庭の隅で、ひっそり暮らしていた。チビの子のリリは、毛並みが綺麗なこともあって、とっくに、特定の人の外猫になって新しい暮らしを始めており、そのあとチビは何度目かの子を、そこで育てていた。私が坂を降りるときなど、チビは垣根の隙間から顔を覗かせて呼ぶ。

「チビ、元気?」

私は、ポケットに用意している小さい肉の塊などをやる。しかし、それだって、ミイコの子のクーやシャムにみつかると、わきからとびつかれて、大変な騒ぎになった。チビは諦めて、くるりと背を向ける。かわいそうだが、どうしようもない。

そのうちに、いつの間にか、チビも姿を見せなくなっていた。

チビは死んだのだろうか。たぶん、そうだろう。あれほど心を許していた私の前に現われなくなったのだから。

家で飼われていない猫の寿命は、たいてい二、三年だという。チビが生まれたのは六年前のことだから、普通の野猫にくらべれば長命だった。――とはいえ、人間の年齢になおしてみれば、四十歳になるかならないかの若さである。

牝猫の数はにわかに減って、周辺にすむ牝といえば、コロのほかはリリくらいのものになった。リリは避妊手術をすませたと、彼女の面倒を見ている主婦がいっていたから、もう当分は、この界隈に子猫の姿を見ることはないだろう。

クーは、特別な親しみのこもった表情で私を見る。一緒についてきては、鞭のような長い尾を私の足に巻きつける。階段を降りるときなど、危なくてしかたがない。ジャックさんも、あの雨の日、きっと、こんなふうにされて足を踏みすべらせたにちがいない。

クーが、こんなふうに、積極的な愛情を寄せてくるようになったのは、三階のドライ・エリアを墜落したとき、私が救出してからだ。

シャムのほうは、これはもともと人なつっこい性格なので、誰のところへもついていく。あちこちに人間の友だちをもっていて、かわいがられている。これは、彼の性格によるところも大きいが、一つには、その美しい毛並みのせいだった。誰もが、純粋のシャム猫だと思っている。

そのシャムが、病気に罹っていた。くびの内側や腋の下の脱毛箇所に帯状の発疹があるのを、最初は単なる皮膚病だと思っていた。私はムトーハップを脱脂綿に浸したのをケースに入れて持ち歩き、シャムを見かけると、つけてやった。ところが、これがいっこうになおらない。

「うちのお母さんも、薬つけてやってるの」

お堂のところでシャムと一緒にいるとき、どこかの女の子が寄ってきてそういった。

六月七日（木）晴

シャムがはじめて家の中に入ってきた。外で見ると小さいのに、家の中だとポーより大きい。ミルクだけやって外へ出す。しばらくして、ギャオウと猫の悲鳴。外に出てみると、向こうから外廊下をポーがこっちへやってくる。私がいるのを見ると、立ちどまって道を変え、裏木戸の方へ。途中、こっちを振り返り、戻ろうかどうしようかという顔。ポーはシャムをやっつけて追いはらったのだ。

六月十日（日）晴

昨夜はひどい嵐だった。

どうやってポーとシャムの折り合いがついたものか、シャムが家の中にいても、ポーは怒らなくなった。シャムはさすがに遠慮がちだけれど、これも、あとは時間の問題という気がする。

シャムがきてくれるおかげで、薬をつける手間が省けて、その点は好都合だ。私が外出のときは、隣の駐車場の角までついてきて、きちんと坐り、見送ってくれる。

夜、ハリーが帰宅。ずいぶんほっそりしてしまった。「ハリー」と呼ぶと、めんどくさそうに、それでも、〝ピン〟と、妙な声で返事をする。弟たちには、うなり声ですごむ。そして、すぐに出ていってしまう。

六月二十二日（金）晴
朝から暑い。

ハリー帰宅。気が立ってうなるのを、ポーが抱いて、うまくなだめてくれる。まさに表彰ものだ。

ハリーがタロウを嫌う。タロウは冷蔵庫の上を自分の場所に決めている。

深夜、トイレに起き、寝ぼけまなこでポーと出会う。「なんだ、ポーか」といったら、ポー、嬉しくなったらしく、わざとドタドタ歩いて見せた。

シャムとゲンキは特別仲がよくて、寝るときは、いつも一緒に籠の中にいた。シャムは、鼻をグスグスさせて、ときどき激しいくしゃみをする。隔離しなくては伝染する猫のカゼ。ウイルス性鼻気管炎に罹っていたのだ。それなのに、気にしながらも、二匹を一緒にしておいた。すべては私自身の無知からだった。シャムの長い尾には無数のノミがいて、取りきれないほどだった。

一九九〇年の夏は、猫と私にとって、はじめての辛い経験を強いられる、さんざんな夏となった。

ポーとタロウ

# 第八章

# 動物病院

## 獣医師との合性？

一九九〇年七月九日（月）曇
朝も元気のないゲンキ、水だけ飲む。ゴミ捨てのとき、私と一緒に下までついてくる。そのあと、タロウたちの先に立って、隣の老夫妻の屋敷の庭へ――。何となく、それっきり帰ってこないのではないかと思ったほど元気がない。タロウ、振り向いてカオーと鳴く。ポーもこっちを振り向いて、あまり気のりのしない様子。それでも、弟たちにくっついていってしまった。

間もなく、ポーだけ帰宅。外に出てみたら、タロウが呼ぶ。タロウはコンクリート塀の狭いところにいる。そしてゲンキは、シュロの木の根元にうずくまっていた。

昼ごろ、ゲンキ、戻ってきて、シャムと、洗面所の脱衣籠の中に一緒にいた。抱きあって寝ている。

ヘアー・アートの吉本さんから電話。一年ぶりの突然の電話なので、最初、誰だかわからなかった。いただいた猫、ちょうど一年経ちましたもので、ご報告を――と。

白の美しい牡の子猫、玉三郎こと平造が貰われていった日のことを思いだした。もう、一年にもなるのだった。

「綺麗になったでしょうね」というと、

「とてもヤンチャで、怪我ばかりしてます」の返事が返ってきた。

白のことは忘れていて、何となく、権頭さんのところに貰われていったライアンのことを、今朝方思いだしていたところであった。


猫の病気は、まず、いつもシャムと一緒にいたゲンキから始まった。くしゃみだけならともかく、食欲がなくなってきたのである。

ダックス氏とは、しばらく連絡が途絶えていた。彼自身がいうように、ダックス氏は犬の専門家で、猫のことはあまりよく知らないらしかった。ポーが口内炎のとき、これは首輪がきつすぎて、痰をのみこむことができなかったためだといい、私は言葉通りには信じかねた。また、彼は彼で、ケージ飼いや紐つき飼いをすすめてもなかなか実行しない私に、猫の飼い方がパーフェクトでないといったりした。要するに、根本的な考え方が違うのを、なんとかここまで辻褄合わせてきたわけだった。これ以上煩わせるのはわるいと思いながら、病院の紹介だけでも――と、電話をかけたら、目黒区と渋谷区の動物病院の名簿がＦＡＸで送られてきた。なんと、全部で五十以上もある。昔は、動物病院など、探さなくてはみつからないほど少なかったのに、今は、どの病院に連れていこうかと迷うほど、都会に動物病院の数は多い。

　できれば、どこか知りあいの病院を紹介してもらいたいと思ったが、あいにく、この二区のなかにはないという。

「このなかで、いちばんよさそうなのはどこでしょうか」

「どこも同じですよ。どれも都に登録されていますから。そこにのっているのは、みな、信用のおける病院です」

「でも、こんなにたくさんあるんじゃ……」

「いい病院かそうでないかは、要するに、飼い主と獣医との合性の問題なんです。合わないと思われたら、すぐかえたらいかがでしょう」

　人の病気の場合、途中から病院をとりかえるのはなかなかできにくいものだけれど、動物病院ではそんなこともないらしい。この場合、問題なのは、患者との合性ではなくて、飼い主とのそれなのだ。妙なことに感心しながら、私は、最も近距離にある渋谷区代官山のI動物病院に、ゲンキをつれていった。七月十三日、金曜日のことだった。

　なにしろ、私たちにとってははじめての経験である。

　病院の入り口のドアのところに、ポスターが貼ってあった。うさぎが荷物を背負って、泣き泣き旅をする絵が描かれている。〝かわいい子には旅をさせるな〟と、昔の格言をもじった標語が目に入る。

親近感をおぼえて、ほっとしながら、私は病院のドアを開けた。狭いスペースで、診察台がすぐ目の前だ。

中にいた五十がらみの医者は、そのとき、ちょうど向こう向きに、腰をかがめて何かしていたが、そのまま、こちらへ顔だけ振り向けた。目と目があった瞬間、これは合性がわるそうだなと、いやな予感がした。

まずは受付で、若い女性から、猫の性別、名前、生年月日、好みの食べもの、外歩きの有無などについて訊かれる。

「うちの猫は、普段はアジが特に好物で、あと、なまり節、鳥肉、それから缶詰のキャットフード。ドライフードのほかはなんでも食べます。自由に外にも出しています」

私は得々と話したのだが、それらは全部不合格の答え。つまり、現代の猫は、ドライフードを食べ、室内にのみ居住するのが最もよい猫チャンというわけなのだ。

次の瞬間、私はいきなり、獣医に大声でどなられていた。

「あんたに飼う資格はない」

こちらが思わず、すくみあがったほどの迫力だった。

ゲンキがすっかり脅えて鳴きだすのを、助手の若い女性が、大きな白いタオルですっぽり包みこむ。

「こんなの、栄養障害を起こしているだけだ。骨なんて、きっとボロボロだ」と、医者はまたどなった。

「あのう、下痢をしてから、食べなくなったんです」

「食べないんじゃない。あんたが食べさせないんだ」

とりつく島もない。「いえ、そうではなくて、下痢をして……」いいかけても、たちどころにどなられてしまう。助手の女性は、おどおどして、なるべく私とも視線をあわせないようにしている。

医者は、助手にしっぽをもちあげさせ、便をとると、それをガラスに塗って顕微鏡で覗いた。覗きながら、こういった。

「毛球がつまって食べられなかっただけだ。何でもない」

毛球のことなら、私も知っていた。猫は清潔好きで、毛をなめてはグルーミングを繰り返す。ときにその毛が飲みこまれ、毛球になって胃腸に詰まる。猫にとって、毛球を吐くことは正常な反応で、別に心配するほどのことではない。

私は、ゲンキの下痢のことが気がかりだったけれど、これ以上繰り返し訊ねる勇気がなかった。

――と、そのとき、手を洗っていた医者は、にやりとしながらいった。

「鼻炎を起こしているな」

この鼻炎というのが、実はどれほど厄介な代物か、私はまったく知識がなかった。正しくは、猫ウイルス性鼻気管炎といい、一九七四年、日本の猫から分離されたヘルペスウイルスI型で起こる猫のカゼのことであった。ほかに、カリシウイルスによって起こるカゼもあって、このほうは口内炎や舌炎がひどくなるという。

ゲンキが罹っていたのはヘルペスウイルスによるものだった。

「初めは、発熱、食欲不振、鼻カゼ程度の軽い症状で、くしゃみや、結膜炎で涙が出たりしますが、症状が上気道（鼻腔・のど・気管）に進むと、鼻づまりのため呼吸困難になったり、気管支炎から肺炎を起こし、ねこはかなり重態に陥ります」と、『ねこなんでも110番』（主婦の友社）で、著者の小暮動物病院長、小暮規夫氏が記している。

猫の集団カゼで、五匹中三匹を死なせてしまった例もあるくらいで、たかがカゼだとあなどれないのが、猫のカゼなのである。

医者は、「明日は休診日なので、明後日、もう一度連れてくるように」といったが、すぐに気を変えて、「いや、もう、連れてこなくていい」と、いい直した。栄養の注射一本だけで薬もださないのは、別にたいした病気ではなかったからだ――と、私は受けとめた。きっと、このままほうっておいてもゲンキは自然になおってしまうのだろう。

ドライフードを必ず与えるようにという指示があって、そのカタログを見せられた。処置量は、初診料二、〇〇〇円、注射料一、二〇〇円、便検査料六〇〇円、合計三、八〇〇円という金額である。

動物の医療費がいったいいくらくらいかかるものか、それまで私は考えたこともなかった。人間よりも高いという話はきいていたが、私自身、病院とあまり縁がなかったから、その基準の見当もつかない。

それはともかく、家に連れ帰ったゲンキのぐあいが、このまま自然になおりそうにないことは、私の目にもはっきりした。

代官山の病院は、翌日が休診日だといっていたし、もう一度行っても、きっと、どなられるだけだろう。正直な話、病気の猫に手をふれてもみなかった医者に、私は腹をたてていた。はじめて頼っていったところなのに、とんだ合性のわるい相手とぶつかったものである。

こんなとき、ダックス氏に猫の様子を見に来てもらえたら、どんなに心強いことだろう。藁をもすがる思いで、またもや、そんな気持が頭をもたげてくる。

私が病院に行った話をし、どんな目にあったか報告すると、ダックス氏は、「その医者は、名医かもしれませんよ」と、意外なことをいった。

「私の友人で、開業しているのに、そういうのがいるんです。犬を連れていくと、こちらはどなられましてねえ。でも、じっと動物を観察していて、彼、実に的確な診断を下すんです」

「いえ、そういうのとは違っていて……」

「飼い主の側の態度も、この場合、問題なんですが」

いったい、彼はどっちの味方なんだろう。

ともかく、その獣医は都の認可をうけた信頼に足る人物であり、費用の点からいっても良心的である——と、力説する。

「検便をしただけなのに？」と、思わず私はいってしまう。

にわかにダックス氏は不機嫌になった。ひょっとして知りあいかと思って問い返してみたが、そうではなかった。

ゲンキの病気は、毛球がつまったどころではなかった。そのことがほかの病院でわかってからも、彼は、主張をまげようとはしなかった。

「もう一度、同じ病院に連れていけば、症状がはっきりしてきて、今度は間違いのない診断を下したはずだと思いますが」

しかし、あの医者も、あのとき、実は本当の診断はついていたのではないかと思う。

「鼻炎を起こしているな」といったのだから。

「それはほうっておいても大丈夫なのでしょうか」と、心にひっかかりながら訊けなかった私も、猫の代弁者として失格だった。

「なによりも、あなたと獣医師のフィーリングが合うことがたいせつ。それが信頼と深くつながるからです」

『ねこなんでも110番』に、そう書いてあった。

## 猫の入院

Ｉ病院に行った翌日の七月十四日、今度はタクシーで、目黒区内のＤ動物病院に、ゲンキをつれていった。そこは、山手通りに面した四階建ての、明るい感じの建物で、前よりもはるかに病院らしい体裁を調えていた。高いかもしれないな。ふと、心配が心をよぎる。しかし、この際そんなことはいっていられない。

ここの病院はかなり流行《はや》っているらしく、犬や猫をつれた人たちが、待合室で待っていた。ゲンキが鳴いていると、小さい子が籠を覗きこんだり、女の人が声をかけてくれたりする。

「うちのは、ダイエットで、入院させています」といわれて驚いた。

ここでは、何人かの獣医が交替勤務で動物の診察と治療を行う模様で、曜日と担当医の名が壁に張りだされてあった。

受付では、前と同じように、猫の性別、名前、生年月日、食事の内容、外歩きの有無、そして現在の病状について尋ねられた。食事については、前回でこりたので、何でも食べるが、二、三日前から食欲がなくなったというにとどめた。ここでも、「お宅の猫チャン、男の子ですか、女の子ですか」という訊き方をする。飼い主の多くが、同じ家族の一員という意味で、人と区別のない呼び方を好むのだろう。

「牡です」と、私は答える。

獣医はいずれも、三十歳になるかならないかの若い男の医者たちであった。それだけに、万事積極的で熱心だった。

すぐに肛門に体温計を挿入して、ゲンキの体温を測定する。四〇度といわれて、私は驚いたが、猫の体温は普通三八～三九度とのことだった。徹底した治療がこの病院の一貫した方針で、どうやら経済的負担も大きくなりそうな気がする。

診察の結果は、ネコウイルス性鼻気管炎。ゲンキは即入院を申し渡された。

「だいたいの治療費の目安はこうですが」

見積り書に記入されたのを見ると、
診察料二、三〇〇円、予防注射料三、〇〇〇円、処置料九、〇〇〇円、便検査料一、一〇〇円、尿検査料一、六五〇円、血液検査料一〇、〇〇〇円、条虫駆虫二、二〇〇円、回虫駆虫二、二〇〇円、入院料三日間八、二五〇円。

合計金額は三九、七〇〇円となっている。

予防注射料は、三種混合ワクチン（猫伝染性腸炎〈汎《はん》白血球減少症〉・猫ウイルス性鼻気管炎・猫カリシウイルス感染症）で、普通五千円から六千円はする。それより安いのは、すでにゲンキが、鼻気管炎に罹ってしまっていて、差し当たって伝染性腸炎のみの予防注射ですむからなのだろう。

「犬の予防注射は七種類も必要ですが、猫は三種類ですみます。——ということは、三種類の病気以外は、今のところ、予防の手だてがないということなんです。現に、猫を七匹飼っていて、五匹も死なせたお宅がありましてね。今、うちに一匹来てますけど、あれも、ちょっと危ないんです」

若い医者は、そういいながら、うしろを振り返った。

開かれたドアの向こうに、ケージが何段にも積み重ねてあり、そこに猫たちが一匹ずつ入っているのが見えた。どれも、ごく当たり前の日本猫ばかりであった。飼い主と猫の名前を書いた札が、それぞれのケージにつけてある。洋種は別の場所に分けられているのだろうか。見わたしたところ、一匹もいなかった。医者が指さしたケージには、黒白斑の美しい猫が、向こう向きに横たわっていた。ふとっていて、よそ目にはそれほど重症のようにも見えない。

ワクチンのことを、これまで、ほかの獣医がすすめてくれなかったのは、なぜだったのだろう。

三日間の入院でゲンキが元気になるのなら、見積り金額は高くない。タロウもつれてこようと、私は思った。タロウの、雄鶏が刻《とき》を告げるときのような、あの、しゃくりあげるような発作は、まだときどき起こっていたからである。

獣医と私の合性のほどはわからなかったが、当のゲンキとの合性はずいぶんよさそうで、これは何よりだった。前のときのように白いタオルをかぶせられなくても、ゲンキは静かにしていた。それどころか、のちに入院期間が長びいて、面会に行ったとき、ゲンキは医者に抱かれて出てきたが、私を認めると、医者の肩にしがみついて目をつりあげ、「帰らないよ」という顔をして見せたのだった。

入院させるに当たっては、同意書に署名するのが定まりになっていた。それには、
(1)動物の特異体質による死亡及び損傷、あるいは不慮の事故、天変地異に基づく動物の失踪、逃亡、死亡及び損傷の場合に動物に対する損害賠償、あるいはその他の補償等の請求は一切いたしません。
(2)動物の預かり又は入院中、あるいは手術、麻酔、治療中の不測の出来事については異議は申しません。
(3)動物に対する退院あるいは引取りの指示があった場合は、直ちに引取ります。
などをはじめ、八項目からなっていて、その最後に、指定された期日ごとに費用を精算し、精算日を過ぎても病院に何ら連絡のない場合は、動物の処遇は病院にお任せします――の一条があった。動物を預けたまま引き取りにこない、不心得で薄情な飼い主もいるということだろう。

ゲンキの入院の翌日、今度はタロウをつれていった。これもゲンキと同じ病名で、即入院になった。大変だという気持よりは、何か妙に張り合いのでてきた感じであった。こちらが積極的な姿勢に転じたからだろう。二匹が元気になって帰ってくるのが、私は楽しみだった。この先、入院中に不測の出来事が起ころうとは思ってもみなかった。

十五日に入院したタロウはたちまち元気になった。連れてくるのが早かったから――と、医者はいった。

十八日に面会に行ったとき、ゲンキのほうはまだ弱っていて、点滴のチューブをつけたままの対面だった。

ゲンキは、プラスチック製の青い大きな円形のカラーを、くびのまわりにつけていた。エリザベスカラーというのだそうで、そういえば、エリザベス王朝の貴族の肖像画を見ると、こまかいひだのついた、こんな白いカラーを、くびのまわりに立てている。ゲンキがしているのはひだがないので、まるで、大きなラッパの口から猫の頭が覗いているようなぐあいである。エリザベスカラーは、猫の口が点滴の針や包帯に届かないようにするためのものだそうだ。

タロウは、上から吊るした点滴のチューブにじゃれかかり、「さあ、お前はもう退場だ」と、奥に連れていかれた。

二十日に、タロウを引き取りに行った。たまたま、子猫を見にきていた女の子たちと一緒になった。病院の窓に貼りだしてある〝子猫差しあげます〟の広告につられて入ってきた二人連れである。この人たちにタロウを貰ってもらえないだろうか。とっさに私はそう思った。

「あのう、うちの猫、今日退院なんですけれど、要りません？　縞模様のはっきりしたキジ猫なんです」

受付の女の人が、ちょっと呆れたように私を見た。

実際、退院の日、大事な猫を引き取りにきて、それを他人に渡すやつがどこにいるだろう。

二人連れもまた、訝《いぶか》しげな顔をこちらへ向けた。そして、そそくさとドアを開けて出ていった。彼女たちは、通りすがりに、ただ子猫を見たくて寄っただけのことらしい。

このときのことを思いだすと、私はタロウに対してすまない気持でいっぱいになる。

ゲンキとタロウが入院で留守のあいだ、正直いって私の生活は、寂しいというよりはさっぱりして、ある意味では快適だった。そこらを走りまわり、大声で鳴いて私を呼ぶ子猫の存在は、かわいいけれど落ちつかない。とりわけタロウときたら、ジャンプ力にすぐれていて、すぐ高いところにとび上がる。とびおりるはずみに、そこらのものを後足にひっかけて落としたりする。外出していても、留守中何か起きてはいないかと気になったが、入院中はそんな心配もなかった。家の中も綺麗に片づいていた。極端な猫嫌いが同じマンションの、しかも隣にいることがわかって、子猫たちの鳴き声ひとつにも気をつかわなくてはならない毎日は、全く神経がすり減る思いだったのである。
タロウは退院してわが家に戻ってくると、自分がいなかった五日間の状況を知ろうとするように、あちこちのにおいをかいでまわった。それから、遊び道具の入っている籠の中から、自分のひろったマツボックリをみつけだすと、やっと納得した顔になった。

七月二十日（金）晴
午後六時、タロウ退院。からだがやわらかくなった感じ。夜の食事は病院ですませてあるということだったが、タロウはアジを少し食べ、キャット缶も少し。ミルクも飲む。
よく鳴く。——というより鳴きどおしに鳴くので、ほかの猫たちももて余し気味。私が叱っても鳴きやまないが、コロやハリーがシャーッと威嚇すると、ピタリと鳴きやむ。
夜はゴキブリとりに励み、二匹を食べる。

この日は、タロウが退院の特別の日だったので、コロと私とタロウと一緒に寝たものの、タロウがうるさくて寝つかれず、ポーに預けて、やっと眠ることができた。ポーは、

〝玄関番〟といったところで、夜中はいつも居間の外の廊下にいてくれる。

七月二十一日（土）晴

タロウ、朝からミルクと水以外口にせず、よく鳴く。二時から外出するのに、これでは困ると思っていたら、ポーが帰ってきてくれた。

「ポー」と呼ぶと、鳴いて返事をし、駆け戻ってきた。タロウを頼んで、やっと外出することができた。

翌々日の二十三日、ゲンキが退院してきた。三日間の入院予定は十日間と、大幅にのびたが、あれだけ弱っていたのがすっかり元気になって、目もしっかりしている。主治医になついてしまって、私のところへ来るのはいやがるかと思ったが、そうでもなかった。

「食べ方がどうもね」と、医者がいう。

「むら食いというか……、食べないかと思うと、ちょっとついてみたり。ドライフードも、いやがるのを無理やり口に押しこまないと食べてくれないし」

病院で大事にされているあいだ、ゲンキはまったくのあまえん坊になってしまったのだった。

「ゲンキは、なおったといっても、保菌者ですからね。ほかの猫と一緒にしないようにしてください」

しかし、それは無理な話というものだった。

やっと、家族全員揃ったわけだが、にわかにタロウの食欲がなくなった。病院からわたされた食欲増進剤（実は精神安定剤）を飲ませると、しばらくして吐いた。白い液体のなかに、錠剤のとけかかったのがみつかった。タロウは苦しそうに何度も黄色い液を吐いた。退院して、まだ一週間も経っていないのに、再び入院である。タロウの係の医者は、なおって元気になったはずなのに、なぜ、急にぐあいがわるくなったのか、見当がつかないと、くびをかしげ、これから、いろいろ検査をして調べてみる——といった。

「場合によっては、レントゲンを撮る必要があるかもしれません」

なんのためだろうと思いながら、それ以上踏みこんできき返すことはできなかった。

犬を飼っていて、最近その犬に死なれた友だちに電話をしてみた。彼女の犬の場合、食欲がなくなったので、病院につれていったところ、点滴の最中、突然、痙攣の発作を起こして死んでしまったのだ。点滴がチューブを落ちるのが速すぎると思ったけれど、口をはさめなかったと、彼女はいっていた。

猫のことで心が弱くなっていた私は、何とはなしに慰めの言葉を期待しながら、彼女に電話をかけたのだったが……。

「死ぬかもしれないわね。うちのだって、そうだったんだから」と、彼女は甲高い声でいった。

「そんなこと、お願いだからいわないでよ。まだ生きているのに」

まだという言葉にさえ、こちらはこだわりながらいっているというのに、相手は無慈悲につづけた。

「大丈夫よ。死んだって、動物病院と火葬場と、それからお寺まで、ちゃんと連絡がついているんだから。動物専用の霊柩車が毎日街を走っていて、無線連絡で病院に来るようになっているのよ。うちのときだって、合同葬にしますか、どうしますかってきかれて……」

ミンミン蟬が鳴きはじめ、暑い夏が始まろうとしていた。

## 猫汎白血球減少症

「これで見る限り、消化器系に何も異常は見られないんですがね」

そういいながら、タロウの医者は、レントゲン写真にうしろから光を当てて見せてくれた。猫の消化器系が、ひとつながりに鮮明にうつっている。写真は三枚あった。どうやって撮影したのだろう。バリウムを飲ませたのだろうか。それとも注入かな。

「ずいぶん鮮明にうつるものですね」と、私はいい、そんなことをいう自分に嫌気がさした。

当のタロウは、隔離された地下室のケージの中で横になっていた。クーラーがきいて、寒いくらいの室内である。

（あたためてやらなくて、いいのだろうか）

「敷きものに、ヒーターが入れてありますから」

医者は察して、そういった。

「タロウ」

呼ぶと、それまで向こう向きに寝ていたのが、やっとのことで、くびをもたげて振り返った。大きなまるい瞳に、いつもの輝きが消えている。「がんばって！」と、いうしかない。

私には、猫の病気についての知識はまるでなかったから、消化器系に異常がないのに吐くということがよく理解できない。医者もまた、詳しくは話さない。ただ、「もしかすると、別の厄介な病気かもしれない」とだけいった。

「ほかに、もう一匹猫がいるといってましたね。もし、タロウのがうつる病気だと、その猫にも伝染している可能性があります。至急、ワクチンをうっておかないと。すぐ、つれてきてください」

元気だったころのタロウ

医者は、今からでも――といったけれど、仕事の打合せが控えていて、そうもいかない。翌日、土曜日の朝早く、友人の村上さんの車で、ポーを病院に運んだ。

病院はたてこんでいて、なかなか番がまわってこない。待つあいだ、私はタロウに会いに行ったが、タロウは、前日よりさらにぐあいがわるそうだった。向こう向きに横たわっている、その全身の毛が、まるで夕立ちにでもあったようにびしょ濡れの感じだ。

「タロウ」

呼ぶと、タロウは向こう向きのまま、精いっぱいの力を振りしぼって、「ニャー」と、いい声で返事をしてくれた。

私は思わず、傍らの医者と顔を見あわせた。

「あんないい声で、返事をしてくれて」

「嬉しかったんでしょう」

タロウの、私への別れの挨拶であった。

七月二十八日土曜日、ポーにワクチンをうってもらい、車で帰ってきた。

「こんなに元気なのに、どうして注射なんかするのかしら？　変ねえ」と、村上さんはいった。

しかし、予防注射というのは、だいたい、元気なときにするものである。相手が猫だと、それが何となく不思議なような気もする。

翌朝午前五時、病院から、タロウ死亡の知らせがあった。

タロウの病名は、パルボウイルスによって伝染する「猫汎白血球減少症」であった。造血機能をもっている骨髄が侵され、白血球が極端に減少し、下痢がつづくため脱水症状を起こして死んでしまう。「猫伝染性腸炎」「猫ジステンパー」とも呼ばれる恐ろしい病気であった。カゼで入院し、それがなおったと思ったのに、いつ、そんな厄介な病気を背負いこんだのだろう。

「お宅の猫は、のらと接触していたそうだから、そっちから病気をもらったんでしょう」

しかし、タロウは七月二十日、退院の日に予防注射をすませ、その証明書も受けとっていた。それ以前は、カゼで入院中だったのだから、のらとの接触など起こりようがない。病院でうつってきたのではないだろうか。ちらと私は思った。はじめてゲンキをこの病院につれてきたときの、医者の言葉が頭に浮かぶ。

「……現に、猫を七匹飼っていて、五匹も死なせたお宅がありましてね。今、うちに一匹来てますけど、あれも、ちょっと危ないんです」

ケージを積み重ねた過密ななかで感染しないとはいいきれない。パルボウイルスの伝染力について、病院側の見方はあまかったのではないだろうか。

汎白血球減少症を疑うなら、真っ先に血液検査をするべきなのに、それをしないでレントゲン写真を撮ったりしたのは、医者自身、まさかその病気に罹ったなどとは思ってもみなかったにちがいない。なにしろ、予防注射をした翌日の発病なのだから。

いや、予防注射をする時期のおそかったことを認めたくないばっかりに、あえて血液検査をしなかったのかもしれないのだ。

「この病気の潜伏期間は、だいたい二日から一週間くらいなんです。退院して、五日も経ってますからね。そのあいだに感染したとしか考えられませんね」

しかし、そのあいだタロウが接触していたのは、ポーだけだった。

(ポーは、でも、自由に外を出歩いていたから……)

こうなると、ウイルスの感染経路をはっきりさせることはとても難しい。ただ、病院での感染の可能性が最も強いことだけは確かだった。そして、このことを証明するように、病院での消毒作業が、ポーの発病後、にわかに厳重になった。

　ポーが黄色い液を吐いたのは、ワクチン注射の翌日、夕方のことだった。

「おかしいじゃないの?、予防注射のあとでそんなになるなんて。昨日、ポーはあんなに元気だったじゃないの?」

　村上さんは、電話の向こうで、不思議そうな声をだした。くびをかしげている彼女の顔が、目に見えるようだった。

「まるで、注射したから病気になったみたい」

　私はあわてて、その言葉を打ち消した。彼女に電話をしたのは、もう一度、ポーを病院へ連れていくために車を頼もうと思ったからだが、今回は結局、タクシーでつれていった。

　病院側では、早速ポーの血液を採取し、検査をした。やはり、タロウと同じ汎白血球減少症である。ただちに入院ということになった。ポーは医者に運び去られながら、くびをのばして、訴えるように私を見た。

　別の医者が、運搬用の籠に敷いてあった大きなタオルに塩素の液体を噴霧し、ごみ捨て容器に捨てて処分した。また、診察台の上にも塩素を噴霧して消毒を行った。タロウのときには、こんなことはしなかった。パルボウイルスの伝染力の強さを、病院側が改めて認識したとしか思えなかった。

「帰ってからも、ポーちゃんの使っていた食器や何か、よく消毒してください。キッチンハイターを三十倍に薄めて使えば、それで消毒になりますから」と、医者はいった。

私はぼんやりしてしまった。八月一日に開かれる西宮市での講演のため、七月三十一日には大阪に行かなくてはならなかった。その矢先の出来事なのである。

そんな……猫どころではないじゃないですか——と、まわりではいう。

退院したばかりのゲンキを留守番させるわけにもいかない（コロやハリーでは、ポーのように当てにできない）ので、三十日に、またゲンキを病院に預けに行った。

ポーは、地下室のケージに入っていたが、なんと、周囲のケージにいるのは犬たちばかりである。猫ジステンパーは犬には伝染しないという理由からで、理屈にはかなっている。しかし、キャンキャン鳴く犬たちに囲まれている猫は、さぞ落ちつかないだろう。

ポーは、エリザベスカラーをつけ、暗い目をして横たわっていた。前足に、点滴の針が固定され、その先はチューブで、上の薬壜につながっている。猫がそうしているところは、治療をうけているというよりは、実験動物の感じがする。ポーの、ビロードのような毛の艶が、一日ですっかり失われてしまっているのに驚いた。

ずっと、タロウやゲンキの子守りをさせてきたポーに、今死なれたら、申しわけがない。何とかして助かってほしいし、助けてほしい。

「ぐあいはよくないですね。何度も吐いていますから」と、医者はいった。

下痢もつづいているし、吐き気をとめる薬は劇薬で、当然、副作用があるという。旅行先から一時間おきぐらいに電話をかけてほしいといわれたが、それはとても無理な話である。

「じゃ、講演会場の電話番号、教えといてください。何かありましたら、こちらから連絡いたします」

もしも講演の最中に、そんな電話があったらどうしたらいいのだろう。誰かがメモを持ってやってくるところを想像する。紙きれには、「ポーちゃんのぐあいがよくないので至急帰宅されたし」などと書いてある。しかし、そういうことを本気でいって気遣ってくれるのだから、ポーは安心してまかせておけるというものだろう。

三十一日の午後、出立前に、私はもう一度病院に行ったが、面会はさせてもらえなかった。地下室から、ポーの声らしい、ギャオーという悲鳴がきこえた。劇薬の副作用によるものなのか、それとも痛さに耐えかねてのものなのか。この病気は腸粘膜出血のため、激しい腹痛が起こると、本に記されている。

心をあとに残しながら旅立ったせいか、大阪のホテルでは、明け方、ポーのいつもの鳴き声で、私は目をさました。

## ポーの退院

帰京後すぐ病院に行くと、ポーは少しもち直したかのように見えた。しかし、医者は、吐き気はおさまっているものの、腸がズタズタで、血便がでている――と、悲観的なことをいった。

伝染性腸炎に罹ると、その九〇パーセントは助からないといわれる。どっちみち助からないのなら、ポーを家につれて帰りたいと、私はいった。管をつけたままケージの中で死ぬのを待つより、せめて家で死なせてやりたい。タロウのときは、家につれて帰らなくて、かわいそうなことをしてしまった。せめてポーだけは、そんな目にあわせたくない。しかし、若い医者は薬を注入しながら、「やるっきゃない」という。まだ見はなしていないことに、私も望みをかけた。

のちに病院から渡された計算書には、ポーの注射処置は、静脈・皮下併せて三十九本とあった。ほかに点滴を七日間つづけている。

そして、そうした治療の効果はあったのだ。

八月六日、面会に行くと、ポーはケージから出され、はじめて身軽な姿で診察台の上にのせられた。このときのポーの喜びようといったらなかった。頭をぐいぐい私に押しつけ、張りのある声で何度も鳴いた。ポーの目に輝きが戻ってきた。

次の日、ポーはもっと元気になっていた。元気なところを見せようと、まだ腰がふらつくのに、台からとびおりて見せたりした。

「あんたが来ると、表情が違うね。ぼくらの前だと、こんなふうに、ニャンコラ、ニャンコラ鳴かないよ」

タロウの主治医だった医者が、いくらかいまいましそうな口ぶりでいう。

「もう、退院してもよろしいでしょうか」ときくと、昨日から、今度はえさをまったく食べなくなったので、もうしばらく様子を見なくては——という返事が返ってきた。

その翌日、私はナマリをひときれ持っていった。ナマリはポーの大好物なのだ。これを食べないようなら、本当にまだぐあいがわるいということだろう。

「食べなかったら、ほかの猫にやってくださってけっこうですから」

「何がポーちゃんの好物か、おききしようと思っていたところでした」と、医者もいった。

そして、その翌日、ポーがナマリをみんな食べたので、今度来るとき、もっと余分に持ってきてほしいと病院から連絡があった。

ポーはたちまち元気になった。

八月九日、ポーは十二日ぶりに、無事、わが家に戻ってきた。

「病みあがりですから、ほかの猫とは離して、しばらくは静かにさせてやってください」

病気で入院した猫は、なれない環境にいたので、家に帰っても落ちつくまでに数日かかると、医者はいった。しかし、ポーはひと通り室内のにおいをかいだだけで、すぐ当たり前の生活に戻った。家に帰れて、よほど嬉しかったのだろう。ポーは外にとびだすと、ネズミをつかまえ、意気揚々と、私のところへ持ってきたのだった。

かわいそうに、タロウは死んでしまったけれど、ポーとゲンキは命をとりとめて、やっと、猫たちの入院騒ぎは一段落したのであった。

三匹の猫の医療費は、それぞれの入院が約十日間ずつで、併せておよそ四十万。わが家の二か月分の生活費にも匹敵する金額である。これでも、タロウが死んだので、いくらか安くしてあると、病院側は説明した。

「猫を飼うって、大変なんですねえ」

計算書を見ながら、思わずため息をもらすと、医者は、「今回はね」といって微笑した。つまり、今回の病気は、早目にワクチンをうっておかなかった結果だというのであった。

「猫を飼うことは、そんなに難しいものではないんです。それをわざわざ難しくしているのは、飼い方を間違っているからなんです」

猫の本を見ると、猫の罹りやすい病気の名前が、二十幾つも並んでいる。そのほとんどが、ほかの猫との接触や糞尿から感染するものばかりである。ほかの猫との接触を絶たない限り、いつ、これらの病気に罹らないとも限らない。やっぱり、これは大変だ。猫を室内だけで飼う人たちがふえており、医者もそれをすすめるというのもうなずける。──とはいうものの、室内に閉じこめておいた猫は甘やかされのペットになって、私が好きな猫本来の野生の魅力からはずいぶんほど遠い存在になってしまう。

ともかく、ハリーにもワクチンをうっておこうと思い、このときは近所のK病院に連れていった。ここは女医さんで、扱いがやさしいせいか、ハリーはすっかりおとなしくなって、耳の掃除までしてもらってご機嫌だった。ワクチン注射後の注意を書いたメモを渡されたが、それによると、過敏な猫では、注射後、元気消失、食欲不振などが起こるとある。高い熱・嘔吐・下痢・痙攣、その他アレルギー様症状などの異常が見られる場合もあるらしい。

さて、ポーの退院したその日──、昼間は晴れていたのが、夕方からにわかに空が暗くなり、雲ゆきが怪しくなった。今にも降りだしそうな気配に、私は急いで、近くのスーパーまで買い物に出かけた。裏木戸を出たところで、隣の重信さんの庭から、マリが姿を現わした。シャムと仲のよかった三毛猫である。マリは、珍しく私の前に、通せんぼをするように坐りこんだ。友だちのシャムがいなくなって寂しそうだ。

マリ

「今、何か買ってくるからね。待ってなさいよ」

買い物をすませ、外に出てみると、スコールのような大雨になっていた。雨は激しくしぶきをあげ、下水溝から水があふれて渦を巻いている。横なぐりの風を傘で避《よ》けながら、やっとのことで、いつもの駐車場の角をまがりかけた。——と、思いがけない光景に、私は息をのんだ。マリが、そこにうずくまったまま、ただ、雨に叩かれるにまかせている。

雨足が強いので、まるで棒で打たれているように見えた。

「マリちゃん、大変」

急いで抱きあげたが、びしょ濡れのぼろ雑巾のようだ。とりあえず、駐車しているる車の下に避難させ、家からタオルを持って引き返した。タオルはたちまち泥水でよごれてしまう。猫は小きざみにふるえているし、このままほうってはおけないので、家につれて帰った。

わが家の猫たちに知られないよう、マリを洗面所に入れ、ドライヤーで毛を乾かす。そうしてやりながら、マリが病気に罹っていることに気づいた。鼻は鼻汁でつまり、つぶれたようになっている。口を開けさせてみると、歯茎に赤い斑点が見えた。呼吸のしかたもおかしかった。

ポーのためにもらってきてあった抗生物質を飲ませ、段ボール箱に、新しいタオルにくるんで入れてやりながら、マリはもう、助からないかもしれないと思った。

翌朝、様子を見に行くと、マリは頭をのけぞらせて死んでいた。まだ、瞳に強い光があった。そのからだから、ノミが離れかかっているのに気づき、殺虫剤をかけてから、段ボール箱に目張りをした。目張りをしたのを、もう一度はがして、マリの顔を見た。

マリのことを、私はよく知らない。どこで生まれ、どこから移ってきた猫なのか——。顔なじみの猫たちと一緒に、はじめてわが家にやってきたとき、マリは、片目がつぶれかけたこわい顔をして、疑い深そうに、こっちを見ていた。私は思わず、追いはらうような動きをしてしまい、すぐに気づいて詫びたのだが、マリの機嫌はなおらなかった。せっかく来てやったのに、仲間の前で恥をかかされた、そんな表情が、顔にはっきり表われていた。

それっきり、マリはうちへは来なくなったばかりか、お堂のところで出会って、食べものをやろうとすると、火を噴くように、威嚇のしゃがれ声をあげ、片手の爪でひったくった。

そのマリは、しかし、死ぬ前に、自分のほうから私の前に出てきてくれたのだった。

清掃事務所に電話をかけると、係員が二人やってきた。遺体は、動物専用の焼却炉で処理されるのである。猫がどこで死んでいたかの確認があって、動物死体処理料金二千五百円を支払う。その領収証の裏を見ると、「道路等に動物等の死体があった場合」の連絡先が記してあった。道路や土地の種類で、死体処理の管理者が異なることをはじめて知った。土地または建物の構内で死んだ場合は、そこの占有者の責任なのである。あえて飼い主と定めていないのは、動物が死ぬとき、その場所が心ずしも飼い主の土地または建物ではないからだろう。

## 猫たちいなくなる

気がついてみると、マンションの周辺に、猫たちの姿を見かけなくなっていた。この年、伝染性の猫の病気がひろがって、飼い猫が死んだという話をあちこちできいた。手

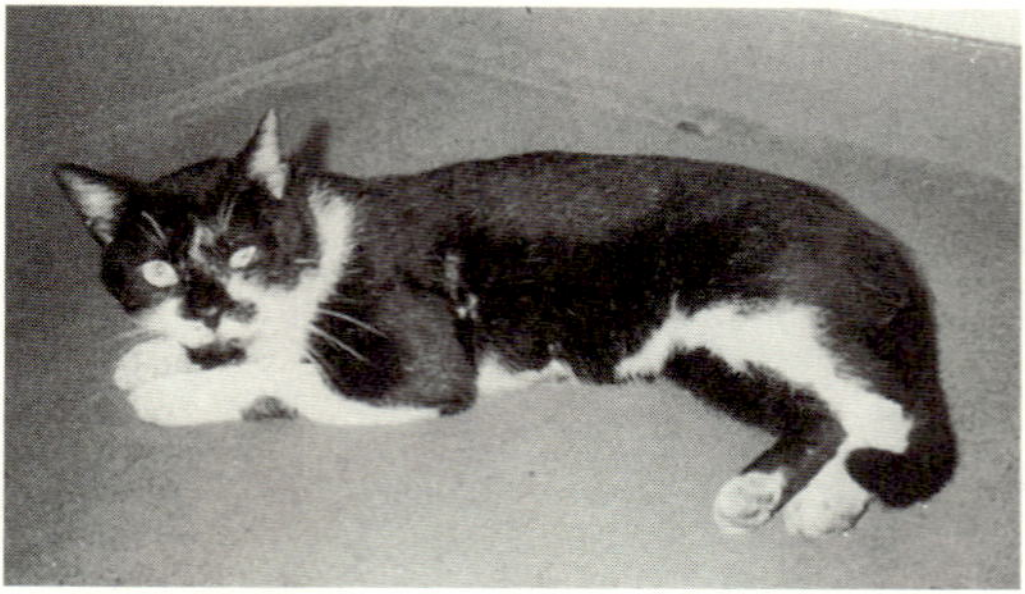

クー

当をしてさえ助からないくらいだから、病気になったのらたちは、姿をかくし、ただ死ぬのを待つしかなかったにちがいない。そして、そんな環境のなかで生き残ったのらは、面魂もすさまじい牡猫だけになった。ギザ耳の白いのや、茶トラのボス。のらの生命力の強さに驚く一方で、同じくらい、その脆さを思い知らされてしまう。ミイコの子のクーも、何とか生き残ることができた。

　シャムもマリもいなくなって、もう、近所でののらたちとのつきあいはなくなったかと思った。クーはときどきやってきたが、主な居場所は別のところ(隣のマンションと、そこからさらに五十メートルほど離れた、馬頭観音堂の周辺)に変えてしまっていた。ポーが、自分たちの縄張りを主張したからである。

　ともあれ、コロ一族の四匹に、これでやっと落ちついた——と、私は思った。選りに選って、ボス猫

〝トラ〟とのつきあいが始まるとは、想像もしていない。まして、このトラのために、うちのハリーが家出をするようになるなどとは――。

ボス猫トラが、三階のドライ・エリアから足を踏みすべらして墜落したのは、一九九〇年九月二十八日の真夜中のことだった。そして、ちょうどこの日、森島さん一家は、一年ぶりに日本に帰ってきた。

トラは、一階のドライ・エリアの壁際に、腰をぬかして動けなくなっていて、翌朝たまたま訪れた管理会社のK君が救出することになった。彼は動物好きだといったけれど、素手でつかまえてひきだすのはとても無理だ。そこで私が、猫にかぶせる大きなタオルと、運搬用籠を持って駆けつけた。例によって、一階の端の家である。Kが、やっとのことでタオルにくるみこみ、そこから籠に移した。

「どうもご苦労様でした」

やれやれといった顔で、その家の主婦がドアを閉める。あとには、私の籠に収まったトラが、そこに残された。騒ぎのあいだに、二階の奥さんが、保健所に連絡していた。

「いよいよ、お前も、年貢の納め時だな」と、Kはいった。私も、これはしかたのないことだと思いながら、中目黒駅近くの動物病院に同行した。保健所の紹介したのがこの病院だった。動物管理事務所を紹介しなかったのは、三階から落ちたのがの
ら
だという

ことを、ききそこなったのだろうか。または、回復の見込みがあるかどうか、保健所はその判断を獣医師にまかせたのだろうか。

しかし、私たちは、病院でボスは安楽死させられるのだと、暗黙のうちに思っていた。

小さな病院だったが、ここには、若い息子の獣医とその父親の獣医と、二人の医者が揃っていた。

「のらなんです」と私はいったけれど、持ち込み責任者として住所をきかれ、Kは尻ごみしたので、結局、私が自分の住所氏名を名のることになった。つまり、トラの保証人というわけだ。

「三階から落ちたとききましたけどねえ」

医者は不審顔だ。三階から落ちた猫を、二階の住人が通報し、四階の私が運んできたのを変に思ったらしい。しかも、トラが入っているのは、立派な猫運搬用籠である。

「これは、のらなんです」と、私は強調する。

レントゲン撮影をすることになり、一瞬、Kと私は顔を見合わせた。

「二枚撮ったほうがいいな」と、医者たちは話しあっている。

レントゲンの結果は、骨折も何もしていなかった。猫がぐったりしているのは、三階の高さから落ちたための筋肉痛だろうという。

「このまま、家で静かにさせといてください。明日は天気がわるいらしいから、一日おいてやって、天気が回復したら放してやれば、元気になるでしょう」

「ぼく、料金表を見たんです。病院の壁に貼ってあったのを。ですから、そのくらいかかるんじゃないかと」

帰る道々、Kがいった。

それにしても、九千五百円という出費は痛い。管理組合の積立て金のなかから、支払いをしてもらうわけにはいかないのだろうか。

「いや、それは無理ですね」

Kは厳しい顔をして見せる。

「マンションの管理面からいえば、のら猫は排除する方針ですから」

安楽死を期待していたのがこうなったわけだが、どうしようもない。でも、命は助かったほうがいいに決まっている。まあ、うちの猫たちのついでだからと割りきって、レントゲン代は私が出してやることにした。

トラを、うちの猫たちがいる仕事場におくわけにはいかないので、書庫のある住まいのほうへ運びこみ、一夜が明けた。

九月三十日の日曜日は、台風の影響で、終日、風雨が吹き荒れた。嵐の中を書庫に行ってみると、トラはからだをひきずりながら、部屋の隅の物かげに、身をかくそうとする。そのからだから、病気の猫特有のにおいがしている。死んだマリと同じにおいだ。

ほうっておくわけにもいかず、翌日、再び病院につれていった。ウイルス性鼻気管炎ということで、医者は点滴をし、抗生物質の注射を一本打ってくれた。点滴の針が途中で抜けたが、そのままやり直さずに終わりになった。明らかに、医者は見放している。

「入院させたら、なおるでしょうか」

家につれて帰るよりは、ここに置いてもらったほうが……と、ためらいながら訊いてみた。

「とんでもない。そんなことをしたら、うちへ来るほかの猫たちにうつってしまう」

若いほうの医者が目を剝《む》いた。

「あんたも、もう、ここまでしたんだから」と、年とったほうの医者がいった。

「この猫は、どっちみち助からないよ。どこか、途中で放してやるんだね。あとは、猫が自分で、どうにかするよ」

帰る道々、どこへ放そうかと考え考え歩いていった。どうせ死ぬのなら、やっぱり、すみなれた環境のほうがいいだろう。そう思って、わが家の近くの庚申堂の木の根元に場所を定めた。

籠の掛け金をはずしても、トラは、自分から出てこられないほどに弱っていた。それを、中身をあけるようにして出してから、私はその場を離れた。

二十分ほど経って、もう一度、お堂の暗がりを覗いたときには、すでにトラの姿はそこになかった。どこか、死に場所を求めて這っていったのだと私は思った。

「いいことをしたわね」と、作詞家の友だちはいった。

「その猫、最高に幸せよ。のらだったのが、最後に大事にされて、星空のもとで死んだんですもの」

それから一週間後――のことである。

明け方の五時ごろ、マンションの外廊下を必死で走ってくるゲンキを見た。そのあとから追いかけてくるのは、なんと、死んだはずのボス猫トラだった。

# 第九章　猫さまざま

# 恩を仇に

トラはすっかり元気になった。元気になって、わが家の牡猫きょうだいを、端からやっつけにかかった。トラは、自分が助けられたことをよく憶えていて、わざと、そんな態度にでるのである。外出先から私が帰ってくると、駐車場の車の上にいたのが、くびをもたげ、鳴いて合図を送ってよこす。目の表情が和んで、その瞬間、気のいいおじさんといった顔になる。

しかし、うちの猫たちには、徹底して容赦しない。

あるときは、ゲンキが、ちょっと散歩に行こうかと、風呂場の窓からとびおりた途端、物かげからトラがさっと現われ、たちまちゲンキに襲いかかった。からだの大きさからいっても、二匹は親子ほどの違いがある。爪をたてられ噛みつかれ、ゲンキはただ、一方的な攻撃を受けるだけだ。何とか隙をみつけて、ゲンキは家にとびこんだが、目はつりあがり、息づかいもせいせいして、なかなかおさまらない。

翌日、外廊下には、ゲンキのむしりとられた和毛《にこげ》が束になって、あちこちに散らばっていた。それ以来、ゲンキはすっかり怖気《おじけ》づいて、外へ出なくなった。いうことをきかないとき、つかまえて窓から出すと、すぐにくるりと向きを変えて入ってくる。そうし

ここなら安全

て、私の胸にしがみついてふるえている。あんなに外に出たがっていたのが嘘のようだ。
ポーは足が長くて、黒い馬のような猫である。駿足で、さすがのトラもなかなかつかまえられない。階段をのぼるにも、三、四段はすっとばして、まるで空中をとぶようだ。ポーはケンカに弱いくせに、気が強い。大声はあげないが、独特の甲高い声はよく透る。それで、トラに追いつめられ、ドアのところにいるときなど、その場の状況が手にとるようだ。

こんなとき、私がちょっと出ていくと、たちまち形勢は逆転し、ポーはトラを追いかけていく。ところが、どこでどう変わるのか、追いかけていったはずのポーが、またもやトラに追われて逃げ帰ってくるのである。

トラが、自分たちの縄張りに近づきすぎる

と、ポーは、とびかかる気構えを見せて、猛然と威嚇する。まともにぶつかったら、とても敵《かな》う相手ではない。しかし、そのわりに怪我をしないのは、ポーの動作がすばしこく、逃げ足が速いからである。細身のからだを利用して、隙間をくぐりぬけたり、いろいろな術もつかう。

追いかけっこのとき、見ていたら、全速力で走りながら、ポーは不意にブレーキをかけてうずくまった。追ってきたトラは、ポーのからだをとびこして先へ出てしまう。その隙に、うしろから嚙みつくこともできるし、別の方向へ逃げ去ることもできるわけだった。

あるとき、外から帰ったポーを、濡れタオルで拭いてやっていたら、不意に前足の爪を覗かせ、鋭い声をあげた。尾の真ん中へんに、ちょっと固い手ざわりがあるので、調べてみると、長さ四センチほどの引き裂かれた傷があって、血がこびりつき固まっていた。しっぽに追いつかれてできた傷だった。

トラと追いつ追われつの競走は、なかなか本格的な闘争に発展しない模様で、ポーの怪我はこの程度で何とかすんだ。そして、トラの標的は、もっぱらハリーに向けられることになったのだった。

ハリーが、はじめて怪我をして帰ってきたのは、十月半ばのことだった。前足がびっこをひいていて、骨でもいためたのかと思った。よく見ると、左前足のつけ根近くの毛が濡れている。それが、次に見たとき、孔があいていた。直径五ミリ以上はあって、しかも深い傷だ。

「それ、空気銃で撃たれた傷よ。間違いないわよ」と、友だちは電話口で断定した。まるい孔があいているなら、そうに決まっている。自分の家の猫もやられたことがあった——と、彼女はいった。

——だとしたら、空気銃のタマを抜かなくてはいけないだろう。しかし、傷口を覗いてみたところでは、筋肉と、それを引っ張っている腱《けん》が見えるだけだった。傷をうけたほうの足がずいぶん太くなっているので、濡れタオルを当てて冷やしてやった。
五、六日経つと、傷口が裂けて、血が滴り、怪我の程度は、一見ひどくなった。三センチ四方くらいにパックリ口をあけたのを、ハリーは注意深くなめている。傷口が裂けてきたのは、皮が引っ張られたからだった。最初見たときは気がつかないくらいの孔だったのが、まるで、ほころびがひろがるように、どんどん大きくなっている。これは空気銃なんかじゃない。トラの仕業だ——と、気がついた。真正面から噛みついて、あの鋭い牙をたてたのだ。
向こう傷は、ケンカに強い猫のしるしだというけれど、ハリーの場合はそうではなさそうだ。ぼんやりしていて、あっという間にやられたにちがいない。

病院につれていけば、きっと傷口を消毒し、化膿止めの注射をするだろう。場合によっては傷口の縫合なんかも行うだろう。

ともかくハリーの様子を見ながら、今回は、自然治癒に期待をかけることにした。外に出なくてすむよう、トイレも室内に設けてやった。

いったんひどくなった怪我は、しかし、あのときが峠で、今度は、周辺から細胞が増殖して薄皮がのびはじめ、目に見えて傷口は収縮していった。傷口のふさがったところはハゲになるかと思っていたら、毛が生えてきた。両岸から、薄い色のと濃い色のが生えてきて、ちゃんと縞模様になってつながったのには驚いた。

ハリーは元気になったが、あまり目立つような行動はとらなくなった。それまで、大使館の門柱の上に、まるで置物のように坐って、私の帰りを待っていたのが、もう、そんな姿も見られなくなった。十二月三十一日の大晦日、外出する私を見送りに、ハリーは走って追いかけてきた。ハリーは、自分が先にとびだすつもりで、裏木戸のところまで来たが、突然、ギャッと悲鳴をあげ、一目散に逃げもどっていった。裏木戸の向こうに、トラが、こっちを見て坐っていた。

トラのいじめは、年が明けてからいっそうひどくなった。深夜、ポーを追いかけて、トラは家の中にまでとびこんでくる。

「こらっ」

怒ると、あわててとびだしてゆき、外廊下に、ピピピピと、カケションのマーキングをして帰っていく。縄張りのにおい付けである。それが歩きながらのマーキングで、あくる日は、水をまいてブラシでこすって、廊下の掃除をしなくてはならなかった。

「牡が三匹もいるんでしょう？　共同してのらを追いはらったらいいのに」と、友だちはいい、私もそう思うのだが、うちの猫たちは、いつも仲のよいくせに、肝心なときは、自分のことしか頭にないらしい。

　そのうちに、トラは、留守のあいだ、家の中に入ってくるようになった。いや、私がいても、トラはこっそり忍びこんで、いつのまにか、うちの猫たちのために用意してある食べものを食べていたりする。

　厄介なのは、コロがトラと仲のよいことで、いつも二匹は連れだっている。ゲンキの父親はトラかもしれないのだ。鼻が長く、先っぽがへら状にしゃくれたところなど、トラとゲンキはそっくりだった。

　いっそ、トラを外猫として認めてしまったらどうかと思い、家の外で食べものをやってみた。——と、コロが意外な反応を見せた。コロは、とまどったように目をうろつかせ、私に向かって奇妙な声をあげた。「そんなことをするな」という制止の声だ。コロはたちどころに、トラのぶんを自分で片づけてしまった。それを見ながら、トラは別に怒りもしない。

コロは賢くて、いつも先見の明がある。このときの彼女の忠告をきいていれば、先々面倒は起こらなかったにちがいない。それなのに、つい、私はトラに同情し、うちの猫たちの見ていないところで――、お堂や道端で、余りものなどをやってしまった。

一月に入って、ハリーの帰らない日がつづいた。昼も夜もぜんぜん姿を見せないことははじめてだった。ハリーの好きな、あの美しい牝猫のところへ行っているのだろうと思い、私はあまり心配もしなかった。なにしろ、ハリーは、青春まっ盛りの若牡なのである。

外泊が四日目になると、さすがに気になって、風邪気味だったが、探しに出かけた。このころハリーは、どうやら自分の縄張りを坂下に移したらしく、たまにそっちの道から私が帰ってくるとき、出会うことがあった。車も通る危険な道だ。家の外で出会うと、いつもハリーは喜びの声をあげ、あまえながらついてくる。だが、こちらがみつけようと探すときには、なかなか出てこない。

ハリーは五日目に、やっと、わが家に戻ってきた。二月、三月と、ハリーの外泊は次第に頻繁になった。

いったい、食べるものはどうしているのだろう。ひょっとしたら、あの美しい牝猫のいる家で食べさせてもらっているのかもしれない。そして、そこではたぶん別の名前で呼ばれている……。ハリーがもう一つの名前をもっているなんて、私としては認めたくない。〝この猫には飼い主がいます〟。そう記した紙をつけようかと思ううち、日が過ぎた。

ある日、昼近く帰ってきたハリーは、あわただしく食事をとると、また、さっさと外へ出ていった。私はこっそり、あとからつけていってみた。ハリーは、マンションの表階段をストスト降りて、通りに出ると、そのまま迷わず右へ折れた。こちらは、電柱のかげに身をかくしながら様子をうかがう。——と、ハリーは、四、五軒先の、三階建ての小さなアパートの階段を昇っていく。

「ハリー」

思わず呼ぶと、ハリーは、どきっとした様子で、こちらを振り向いた。その顔が、恐怖でひきつっている。ハリーのそんな顔を、私ははじめて見た。

突然、ハリーは訴えるように鳴きはじめた。「来るな」というよりは、「来ないで」という哀願の声だった。

「大丈夫。行かない、行かない」

そういいながら、私は帰るふりをし、塀のかげから覗いてみた。

ハリーはやっと向きを変え、つぶやくように鳴きながら、アパートの二階の外廊下を歩いて姿を消した。

なんで、ハリーは、あんなにこわそうに私を見たのだろう？　その理由は、すぐに思い当たった。ハリーがこわいのは、トラなのだ。新しい居場所を私に知られることは、結局、トラにも知られることになるからだった。

　帰宅するハリーは、いつも興奮気味で、恐ろしげにうなってみせるが、ポーやゲンキは相変わらずの接し方で迎えて頓着しない。ポーは遠慮がちに離れて静かに坐り、ゲンキはずかずか近寄って、頭に爪をたてられたりしている。

　ハリーがのらトラをこわがるのは異常なほどだ。トラの影にさえ脅えて、家の中にいても、ドアの隙間に目をこらしている。あまえんぼうのゲンキでさえ、浴槽の蓋の上に坐って、外にいるトラを眺めていられるというのに——。

　思えば、ハリーが臆病というか、神経質な猫だったことに、もっと早くから気がついてよかったはずである。いつだったか、猫のぬいぐるみが送られてきたことがあった。大きさもちょうど子猫くらいのぬいぐるみを、私は何気なく、いつもハリーが坐っている座布団の上に置いておいた。

　外から帰ってきたハリーは、それをみつけるなり、威嚇のかすれ声をあげると、外にとびだしていった。そのときは二日間、家に帰らなかった。

　その日、風呂場の窓から外に出ようとしたハリーは、いきなり、ギャオウと叫び声をあげ、はたかれでもしたようにとびあがった。――と思ったら、今度はタイルの床に這いつくばった。

「どうしたの？　ハリー」

そういって、窓の外を見たら、トラが前足を桟にかけてのびあがっていた。その黄色い顔は、私にも、幽霊のように見えた。

## 頼りになる黒猫ポー

ポーは、このごろ、いそいそしている。――というのも、母猫のコロと、やっと和解が成立したからだ。コロが、ポーのほおをちょっとなめてやっているところを、二度ほど見かけた。ポーはかしこまって、くびをかしげてなめてもらっていた。

ポーは嬉しそうに、私たち（私とコロ）とはひと足おくれて、公園の散歩についてくる。天下晴れて――という思いが、その顔に正直に表われている。

ポーは後足で立ち上がり、のびあがって私の足につかまりながら、目をまんまるくして、アウン、アウンと訴えるように鳴く。

「わかった。ナマリでしょ」

ポーの何よりの好物はナマリブシで、カツオでもカツオブシでもない。偏食にならないように気をつけて、食事のあととか、留守番のご褒美のとき、おやつの程度にちょっと与える。それでなお、ポーにとってはナマリがいっそう貴重でおいしい食べものになる。

ゲンキは、末っ子のあまえんぼうで、抱きあげると、喜んで私のくびに両手をまわし、両足を居心地よくおさめて、顔をこすりつけてくる。

ポーは、人に抱かれることがあまり好きではない。抱きあげると、照れくさそうに、わざと顔をそっぽに向ける。

夜中、床にうずくまっているのを、うっかり踏みつけそうになって、「なんだ、ポーか」といったら、ポーはわざとからだをゆすって、ドタドタ歩いてみせた。

また、あるとき、ポーは、私の横にきちんと坐って、窓ごしに、遠くの空へ目をやっていた。

「ポー、なに見てるの?」といったら、途端に、ドタッと、横倒しに倒れてみせた。

私に相手になってもらいたくてせがんでいるとき、こちらが知らん顔をしていると、ポーはやはり、ドタッと横倒しに倒れてしまう。このときは、やけになった気分なのだろう。

もともと、ポーは陽気な性格で、気は強いが、気持がやさしい。

(ゲンキやタロウが小さいときは、子守りもしてくれたし、一緒に散歩に連れだし、一

四階のベランダから下を見おろすポー

緒に連れて帰ってくれたっけ）
今だって、ポーのおかげで、ずいぶん助かってるなあ。そう思いながら、寝ているポーに顔を近づけたら、ポーは目をつむったまま、後足で私の顔を押し返してきた。

その夜、私は友だちに、電話でポーのことを話していた。昼間、ポーがベランダ伝いに、隣の、猫大嫌いの家に行ってしまったことを――。

いつも、ベランダに出るときは、猫たちが隣に行かないよう、外壁の境の上に、植木鉢などの障害物を置く。それが、その日はうっかりした。

ポーはひらりと、四階のベランダの外壁の上にとびのった。

あわてて呼び返そうとしたとき、すでに、

ポーは、隣のベランダの床にとびおりていた。

「キャーッ、ネコ！」と、悲鳴があがった。「なんだ、なんだ」と、主人も出てきて大騒ぎになった。

行き場のなくなったポーは、それでも必死にとび上がり、何とか転落もせずに、ベランダの外壁伝いにこっちへ帰ってきた。

ポーは恐怖のあまり、閉まっていたガラス戸に体当たりを繰り返す。

隣の主人と奥さんは、一緒にこちらへ顔を覗かせて、大声で文句をいった。去年の十月、うちに侵入してきて、置物をこわして出ていったのも黒い猫だった。ベランダに糞をして逃げていったのも……。

「そうよ。このネコだわ。間違いないわ」

私はただただ謝るばかりだ。しかし、その猫がポーでなかったことには確信があった。ポーはそんなことをするような猫ではない。黒い猫は近所にもいるし、何よりも、同じ猫が二度も同じ危険を冒すはずはないのである。わが家では、コロもハリーもゲンキも、私が見ている前で糞をするが、ポーだけは、その現場を決して見せたことがない。たった一度、ポーが空地で用を足そうとするところを、上から見かけたことがあった。灌木の根元に、ずいぶん大きな穴を掘っていて、何をしているのかと思ったら、それが糞をするためのものだった。ポーは、私が見ているのに気づくと、すぐに、場所を変えるためそこを離れた。毎日、あんな穴を掘っているのかと不思議に思ったことだった。そんな話を、友だちにしているあいだ、ポーはいつになく神妙に、電話器の傍らに坐ってきいていた。

ポーが奇妙な行動をしたのは、それから何日か経っての夜のことである。

朝起きて、マンションの外廊下の掃除に出てみたら、なんと、私の靴の片方が、隣の家の納戸の前に置かれている。靴は、紐で結ぶ型のハイキング用のもので、紐の下から舌革をくわえだしてあった。そこをくわえて、ポーは夜中のうちに隣まで運んだのである。これは、猫にとってはかなりの労働だ。洗面所に通じるドアをあけ、廊下をひきずり、浴室のドアもあけ、靴をくわえて浴槽の蓋の上にとびあがらなくてはならない。

風呂場の窓をあけるのは、いつも慣れているとして、次は、靴を桟の隙間から外廊下へ落とす。最後に自分がとびおりて、靴をくわえながらひきずっていく。うちの納戸を通りこし、隣の納戸の前まで――。現場を見たわけではないが、これはコロでもゲンキでもない、ポーのしたことに間違いなかった。そういえば、前の夜、その靴が玄関のたたきからひきあげてあるのに気づいて、変なことをするなあ――と、元に戻しておいたことを、私は思いだした。

「それはねえ、意味のあることなのよ」と、私が通っている絵の教室の友だちがいった。

「ご主人に、〝もっとしっかりしてくださいよ。わたしの立場を、隣の人に釈明してください〃って、ポーはいいたかったんじゃないの。それで、ご主人のかわりに、靴を運んでいったのよ」

その日――、公園に散歩に行こうとすると、のらトラがついてきた。自分も仲間に入れてもらいたいのだ。トラは得意そうに、先に立って、階段際の防護壁の上をのぼっていった。そして、「どうだい」というように、高みからこっちを振り返ってみせた。

トラにはかわいそうだったが、私とコロたちは公園行きを中止して、家に帰ってきてしまった。トラは二度と、朝の散歩についてくることはなくなった。

ハリーが家出をしてから、たった一度、公園でハリーと行き会ったことがあった。ハリーは大喜びで、コロと私にまつわりついた。マンションの階段を、ハリーは浮き浮きしながらのぼっていった。

「ハリー。ちょっと待ちなさい」

そんな制止の声も耳に入らぬ様子で、ハリーは弾んで私を追いこしていく。

（大丈夫かな？）

ちらと、心配が頭をかすめる。

――と、次の瞬間、四階のドアの前で、ギャオウという悲鳴が起こった。植木鉢のかげにかくれていたトラが、ハリーに襲いかかったのだ。ハリーは、はじかれたように逃げだす。二匹は追いつ追われつ、たちまちどこかへ姿を消した。探しに行ったが、もう、どこにもいない。

ドアの前に、ハリーのむしられた毛が落ちていた。

（ああ、これでまた当分、来ないだろうな）私は暗い気持になった。

ハリーを見ていると、ハリーの祖母猫、チビのことを思いだす。顔だけでなく、要領がわるくて、損ばかりしているところもチビにそっくりだ。ハリーは、聡明で敏捷な母猫のコロにはあまり似ていない。そちらはどうやら、ポーが受けついでしまったようである。

ハリーはトラの隙をみて家に帰ってくると、ガツガツ食べ、昼寝をしてからまた出ていく。夜にならないうちに大急ぎで――。このぶんでは、別の養い手はいないのかもしれない。

帰ってくるたび、ハリーの精神状態が、次第に不安定さを増していくのがわかる。家に帰れば帰ったで、目障りな弟たちがいる。ハリーは、長兄としての面目丸つぶれで、そのぶん、ポーやゲンキにすごんでみせる。

私はもう一度、ハリーのあとをつけてみた。一階まで降りたとき、けたたましく犬の吠える声が起こった。坂道をトコトコ降りていく、いつものハリーの姿はなかった。植木屋の職人が二人、道端に腰をおろして、互いに笑いながら、うしろを振り向いていた。

二人は、猫をからかって手を振りあげたのかもしれない。それで、びっくりしたハリーが逃げるはずみに、今度は、つながれた犬に吠えられたのかもしれなかった。

## 貰われていった猫たち

コロが産んだ子猫の数は、総勢十四匹。そのうち九匹が、あちこちに貰われて、私のまわりににわかに親戚がふえた感があった。里親たちから年賀状が来るようになり、それには、きまって猫の近況が書き添えられている。

多起ちゃん、啓晶くんの姉弟のところに貰われていったクッキーとチッキーは、新しい人間家族の中にすっかりとけこんで、幸せな毎日を送っていた。

「二匹いただいて、本当によかったと思っています。一緒に草の中でたわむれているところなど、まるで絵のようで……」

多起ちゃんたちのお母さんの、電話の声は明るかった。

ところが、ある日突然、チッキーの死んだ知らせがあった。交通事故かと思ったが、そうではなかった。多起ちゃんから、次のような手紙が届いた。

お元気ですか。今日はチッキーのことについて書きます。

クッキー

チッキーは交通事故でも病気でもないのです。二月十八日、チッキーが突然いなくなりました。ずっとさがしたのですが、ぜんぜんみつからず、わたしの友達が三月の十日ごろ、へいの上をすごいいきおいで走っていくのを見たきりでした。その間ずっとチッキーの夢を見つづけました。

四月一日、ちょうどエイプリルフールの日、チッキーはみつかりました。が、もう死んでつめたくなり、虫が少したかっていました。父が虫をあらいおとして穴をほり、わたしがたんぽぽをとってきました。本当に悲しかったです。

さて、クッキーですが、一日中（ほとんど）ねています。けんかがよわくて――なのにけんかをして帰って来ます。

シラタマ（左）とウメ吉

ハリーといっしょです。きょうだいだからでしょうか。
おいしいもの（ハムやイカ）をもらうと、「アワオワワン」とか「ワオワオーン」とか「アオワオーン」とか声をだして食べています。ドアをあけてもらえないとすねて、寒いのに外でねています。ノミもいて、毎日とっています。

多起ちゃんの手紙は図入りで、クッキーのからだにある十五か所の怪我の位置を記していた。たいした怪我ではないらしく、かさぶたがはがれかかっているのを猫がとらないので、とってやっていると書いてあった。

猫を貰いにきたとき、こわくて手をだせなかった多起ちゃんは、すっかり猫好きの女の子になっていた。姉弟は記録もつけていて、それも送ってくれたが、こまかい観察には愛情がこもっていた。

新潟の松原さんのところに貰われていったミミは、最近、腎臓結石の手術をして、危ない命をとりとめたということだった。

「奥さんが、自分の子どものようにかわいがっていて、夜も一緒に寝てやっているそうですよ」

ミミが子猫のとき新潟まで運んでくれた、ペンションの関口さんが、電話でいった。

「朝早く起こされて、大変でしょう」

「それがですね、賢い猫で、先に目を覚ましても、奥さんが起きるまで、床の中でじっと待っているそうですよ」

うちのゲンキとは、なんという違いだろう。しかし、わが家でも、ほかの猫たちがみんなおとなしくしているところを見ると、思いやりの心は、年をとるにつれて自然に芽生えてくるのかもしれないな――と、私は未来に期待をかける。

喫茶店の戸波さんのところにいったシラタマは、ものおじしない性格のようで、私がお店に寄るたびに、戸波さんに困った顔をされた。

「食べものでもなんでも、うちのウメ吉のほうが遠慮してしまって……」

そういわれると、私の躾ができていなかったようで、「どうもすみません」と、頭をさげるしかない。いつまで経っても、あとからいった猫は、前からいた猫にかなわないような気がした。

ところが、つい先ごろ、久しぶりに喫茶店に寄ったところ、戸波さんは、シラタマがかわいくてたまらないという様子だった。シラタマが二日間、家を出たきり帰ってこなかったことがあったという。

戸波さんのところはマンションの九階である。ベランダから落ちたのではないかと、ずいぶん心配して探したそうだ。はるか下を覗いてみると、工事のためのプールがあって、気のせいか、そこに猫が浮いているようでもある。そうやって覗いていたら、なんと、プールのふちをちょこちょこ歩いている白い猫の姿があった。

「大急ぎで一階まで降りていきましたら、やっぱり、うちのシラタマでしたの。涙の再会をいたしました」

戸波さんは、はじめてにっこりした。

シラタマは、ドアの隙間から外へ出ていったものの、家に帰れなくなってしまったのだった。このことがあって以来、マンションに工事用の足場が組まれたときも、もう決して外へ出ていこうとはしなかったそうだ。よほど、こりごりしたのだろう。

間もなく、娘さんが撮ったというウメ吉とシラタマの写真が送られてきた。

「写真にあるように、シラタマはかなりのお転婆で、ベランダ（九階です）の手すりなどスタスタ歩くのでハラハラします。

また最近はかなり太目で、これでよいのかと心配しています」

平造

ヘアー・アートの吉本さんのところに貰われていった白い牡猫、平造は、私が彼女に電話をしたとき、すでにこの世にはいなかった。うちのポーやタロウが罹ったと同じ、汎白血球減少症で、今年（一九九一年）の四月に死亡していた。今は池上の曹禅寺に葬られているということだった。猫ジステンパーと呼ばれる、この病気の恐ろしさを、私は改めて確認させられた。

「これに罹ったら助からないと病院でもいわれて……。それでも、十日間、がんばってくれたんですけれど……」

彼女は、無念そうに言葉をのみこんだ。

その吉本さんから、元気なころの平造の写真が届けられた。白い猫は、目もとに、幼いころの凛々《りり》しさをそのままのこして美しかった。

「平造が別の世界へ旅立ってから、早くも三か月が過ぎまして、私の心もやっと落ちつきました。

平造は、生きていますときには、大変に利口で勇敢な、我家の自慢の猫で、夏には、蟬を取ってくるのが好きでした」

と、手紙にあった。

平造が、まだほんの子猫だった一九八九年の夏のことを、私は思いだした。母猫コロがもち帰った蟬を口にくわえ、誰にも渡さないぞ――と、仲間を睨《ね》めまわしていたのが、ついこのあいだのような気がする。

短い一生だったが、平造は猫らしく幸せに生きた。


権頭さんのところのライアンは、今は、マルという牝の子猫と一緒に暮らしている。マルは、まだ生まれて間もないころ、彼女の家の近くに捨てられていたという。箱の中に一緒にいた一匹は、発見したとき、すでに死んでいた。心やさしい彼女は、生き残った一匹をわが家につれてきて、哺乳壜でミルクを飲ませ、母猫がわりに育てた。そのマルを、ライアンはかわいがり、まるで母猫がするように、うんちやおしっこをなめてやり、自分の乳くびをしゃぶらせていたそうだ。また、自分の寝るところに、マルをくわえて運んでゆき、抱いて寝てやっていたという。牡猫が子猫をかわいがることは、ここでも立証されたわけである。

私は久しぶりに、ライアンに会った。

ライアンは、見違えるほど大きく美しい猫に成長していた。去勢の手術をうけ、ワクチン注射もしてあった。小さいときから、外に出るのをいやがって、今も、ベランダまでしか出ないという。そのせいか、胸の白い毛が際立って白い。彼は私のそばに寄ってくると、しきりに匂いをかぎはじめた。まるで点検するような念の入れようで、二十分ほどもつづいた。私のからだには、母猫コロの匂い、懐かしいきょうだいの匂いがきっと移っているのだろう。マルのほうは、私が手をだすと、いきなりシャーッと威嚇した。

ライアン（左）とマル

ちっちゃん（左）とルッくん

二匹の仲のよいことは、見ていてすぐにわかった。

小林さんたちのところに貰われていった、あの、不思議な毛色の〝ミックス〟、今は〝ちっちゃん〟の写真も送られてきた。ルッくんという大きな牡猫と並んで映っていた。

「ちっちゃんは相変わらず細くて小さく、こわがり屋のなき虫さんで、いつもルッ君のそばに居ます。しかし、遊びにかけては積極的で、虫などを見つけると、すぐにとんで来て目を輝かしていたかと思うと、もう自分のおもちゃにしています。

また食欲も旺盛で、ルッ君もそれには圧倒され、いっしょにそれぞれのお皿で食べている時などは、時々、自分の分も譲ってしまう程です。ですから、この二匹は兄妹のように生活しています」

両方とも、避妊も去勢もしていないのに、二匹のあいだにはいまだに子どもが生まれていない。

ニャンニャンハウスにいった茶のブチだけは、その後、新しい飼い主からの連絡もなく、行方知れずになってしまった。ニャンニャンハウスにつれていく前の、ハリーと遊んでいたときの元気な顔。そして、思いもかけず入れられた、売り場の檻の中での、あのくしゃくしゃな顔。二つの顔が、今も時折り、私の頭に浮かぶ。

タロウは現在、慈恵院（多摩犬猫霊園）に眠っている。

タロウが拾って集めたマツボックリが、今も、思いがけない部屋の隅からころがり出ることがある。そのたび、さまざまな後悔に私の胸は痛くなる。

私の手元に残ったコロの子どもたちは大きくなった。大きくなって世話がかからなくなったかというと、そうでもない。のらトラが近くにいることで、事件は相変わらず起こる。

クーが、再び元の陣地、森島家の近くに戻ってきてからは、なおのこと、猫同士の関係は複雑になった。客観的に眺めて、どの猫も、私を奪いあおうとしているように見える。

ポーは、ときどき怪我もしながら、のんびり気ままに暮らしている。公園の散歩にもついてくる。ゲンキも相変わらずだが、コロやポーに呼ばれたときだけ外に出ていく要領のよさで、のらの攻撃を巧みにかわす術を覚えた。

のらトラはしかし、コロとはすこぶる仲がいい。その様子を見ていて、私はふと気がついた。ひょっとして、のらトラは、ジャックさんがかわいがっていた、〝やさしいトラ〟かもしれない――と。私の勘は正しかった。ジャックさんと知りあいだった立崎さんに、ある日、道で出会ったとき、彼女がいった。

「あれ、チャッピーっていう名前なんです。ジャックさんが、いつもヘルニアを指で押しこんでやってましたから、私も、あの猫に見覚えがあるんです。以前は弱い猫でしたのに、近ごろはずいぶん強くなって、この辺のボスになったようですよ」

彼女のかわいがっていたリリが、自動車にはねられて死んだことも、この日はじめて知った。

ハリーは自分のかくれ家から一日に一度か二度、わが家に通ってくる。

机に向かって仕事をしているとき、突然ドアをノックする音に、私は玄関にとんでいく。その音があまり大きいと、思わず、こちらも「はーい」と、大きな声で返事をしてしまう。

今のは郵便配達が、速達を届けにきたのかもしれないと思い、大急ぎでドアをあけると、

「ウオーン」

声がして、ハリーがそこに立っている。

# あとがき

「猫なんか、飼わないほうがいいですよ。飼うにしても、一匹ですね。それならまあ、なんとかなるでしょう」

「牡猫が二匹ですって？　牡は大きくなるんですよ。五キロや六キロにも。移動させるとき、いったい、ひとりでどうするつもりなんですか」

「仕事にさしつかえてきますよ。旅行も自由にできなくなる」

「今の住まい、マンションでしょう？　飼ってもいい規則になっているの？」

わが家に、外猫だったはずのコロが入ってきて、子猫を産み、貰い手探しに困っていたとき、私の耳にきこえてきたのは、非難の声ばかりだった。早く避妊をしておけばよかったと悔やまれたが、まさか、猫がこんなに絶えず身ごもり、たくさんの子を産んで育てるとは知らなかった。

それまで私がつきあっていた牝猫は、たいてい一匹か二匹の子を連れていたから、育つのはそのくらいの数なのだろうと、漠然と思っていた。だが、それは、のら生活の厳しさの結果なのだった。実際、母猫は、涙ぐましいまでの努力をしながら、わが子を育てている。見ていて、とても無下にはできないが、家に入れるとなると、問題はまた別だ。猫も、その辺の事情を察してくれて、なんとか、これまで過ごしてきた。初代のミケから始まり、ホシ、チビ、ミイコ――と、いずれも牝ばかりだった。

ところが、チビの子のコロにきて、事情は一変した。コロは、一年のあいだに三回も子を産んだ。そうして、里親探しで人をさんざん悩ませた揚句、毎回一匹ずつ私の手元に残った三代の息子たちとともに、わが家で暮らすことになった。

三匹の牡猫は、今では母猫よりもはるかに大きいが、コロは相変わらず母親の威厳を保ち、猫仲間からも自分の息子たちからも一目おかれている。大きな息子が神妙に、母猫に頭をなめてもらっているところなど、見ていて、思わず笑いがこみあげてくる。

私の場合、猫を飼いたいという気持はまったくなかった。一人暮らしというのは、いつも身辺をさっぱりしておく必要がある。仕事をする上での自由さが損なわれることは、何よりも避けなくてはならないし、まして、犬猫を飼うことを禁止されているマンション住まいである。それが、猫に見こまれ、ついにこういうことになった。

部屋の真ん中を、すっすっとよこぎるコロを眺めて、この家の主人はコロのような気のすることがある。もっとも、コロのほうは、自分の立場をよく心得て、決してわがままはいわないし、私が外出すると、決まって自分も外に出てしまう。

外出先から帰宅すると、コロは鳴き鳴き出迎えに走ってくる。コロの息子たちは、私たちが玄関先についたところで、窓からとびだして出迎える。全員揃って走ってこられたら、近所を憚ってこちらも辟易するが、そんな目立つ行動を猫たちはとらない。

猫たちと一つ屋根の下で暮らすようになってみると、それまで気がつかなかった猫のデリケートな心情や、際立った個性の違いが、はっきりと目に見えるようになった。彼らは、互いの自由を尊重しながら、仲間同士の無用なトラブルはできるだけ起こさないように気を遣っている。そしてまた、同居人である私への気の遣いようも、なかなかのものなのだ。

そして、何よりも私の心をとらえるのは、彼らの率直さと、生き生きしたその姿である。

飼う猫が、一匹と複数の場合とでは、見えてくるものがずいぶん違う。

同じ家に住む猫同士の仲のよさは、複数の猫を飼っている人なら、誰もがよく知っているはずだ。猫の本には、「多頭飼いの中に二匹以上の牡がいると、なかなかうまくいかない」と書いてあるから、一概にはいえないにしても、猫同士の順位は自ずからあって、うまく相手を立てながら平穏に暮らしていく。飼い主の人間はあまり介入しないで、解決法は彼らにまかせておくのがいちばんよい。猫たちは最もよい答を、自分でちゃんとみつけてくれる。

猫は個性的で積極的な生きものだ。どんな場合も自分の考えに従って行動する。それまでの生活習慣に固執しないで、やり方を自分で考えて変えていく。猫自身の考えによらず、何かをさせられるとき、猫は、人間が思う以上に、屈辱を感じるらしい。それでいて、自分の命が危なくなっても、人間である私たちに積極的に向かってこようとはしない。そのことが、私には不思議でならない。

また、こちらの接し方で、理解する言葉の数はずいぶんふえるし、鳴き方の表現も多様になって会話が成り立つ。

猫は単にかわいいだけの動物ではない。つきあうほどに、いろいろな面が見えてくる。科学的に調べようとしてもなお、調べきれない部分は残るだろう。それだけ多様性に富んだ魅力のある動物であり、猫の本も次々生まれる所以である。しかし、その多くは人間主体であり、猫の本質を多面的にとらえたものとはいい難い。

私がこの本を書こうと思ったきっかけは、ホシという、一匹ののらの牝猫と出会ったことに始まる。四代にわたる猫たちとのつきあいから、猫の仲間として認められ、深入りして、思いがけない変化に富んだ日常を、私自身送ることになった。大変さと同時に、猫から教えられることもたくさんあった。猫同士のあいだはまさに、人間関係そのもののようである。そして一方、猫に対する人間の態度を見ていると、その人の性格がよく判る。

猫は独立性の強い動物だが、同時に淋しがりやで、それも、人間以外の猫仲間と接していないと生きる張合いに欠けるらしく、そんな猫（人間とだけしか接触のない）は、見ていてどことなく活力に乏しい。

ブリーダーによってつくりだされた血統書つきの猫は、私にとっては遠い存在だ。そういう猫たちは、自然な生きものとしての猫の、あの多面性を、どの程度もっているのだろうか。

コンラート・ローレンツ博士は、その著書『人イヌにあう』（小原秀雄訳、至誠堂刊）のなかで、猫について、「猫の心性は微妙で、野生のままである。それは、動物に対して愛情を無理やりに押しつけるようなタイプの人には、容易に開かれない」「多くの熱烈な猫愛好者たちは、独立に対する猫の希求をまるで理解していない」「都会の小さい家は、散歩や用足しの折りにいつでも主人についてくる犬にとっては、たんに大きな犬小屋であるにすぎないが、猫にとっては、それは大きな檻以外の何ものでもない」といっている。

私の場合、仕事の忙しさもあって、猫たちとはちょうど適当な距離が保たれている。猫との生活は変化に富み、ときに私を疲れさせながらも、同時に新しい発見と慰めをもたらしてくれる。猫を見ていて、〝動物の第六感〟を知らされることもしばしばだ。

面白いのは、猫が鳥の鳴き声をまねする（?）ことで、近い距離の鳥を眺め、捕るのが不可能な場所にいるときに、顎をガクガクさせ、歯ぎしりにも似た、奇妙な、鳥のさえずりのような声をだす。眠っていてときどきこれをするのは、きっと、夢に見てくやしがっているのだろう。

またあるとき、部屋に猫の爪が落ちているのに気がついた。まるで脱皮のように、古い爪が鞘になってはずれていた。

最近は、室内飼いの猫、ペットとしての猫がクローズアップされるようになった。都会の住宅事情の上からやむをえない面があるにしても、人間の愛玩動物という視点が強調されることに、私は抵抗を感じる。これでは、人間中心・人間優位の狭い見方しかできなくなり、本当に猫を私たちと共存する生きものとして理解し、愛することにはならないだろう。当然ながら、彼らから分けてもらえる豊かさも減ってしまうことになるだろう。

この本は、七年間にわたっての観察と記録がもとになって出来上がった。第二章「思い出の中の猫」、第三章「ゴッドマザー〝ホシ〟」に記した一部は、先に、子ども向けの動物記『ボクはネコなんだ』『ゆかいなネコたち』（一九八六年、小峰書店刊）のなかで発表している。

二年前から書きはじめた猫の本だったが、次々起こる事件のために、なかなか筆を措くことができず、当初の予定枚数をはるかに超過した。おりおりに撮影した写真も、可能なかぎり挿入し、里親たちからの御協力もいただいて、このほどやっと発刊の運びとなった。

よりよい本にするために、惜しみない努力を払って下さった草思社編集部の平山潤二氏に、ここに厚く感謝の意を表します。

一九九二年一月七日

# 文庫版あとがき

本書の初版（親本）が刊行されて二十年。この度、文庫版によって、更に多くの現代の読者の許へ届けられることになった。

すべての猫好きと猫嫌いの人たちへ――と扉に記した此の本は、発行当初、多くの話題を呼び、数々の新聞、雑誌等で書評にとりあげられた。

文芸評論家・秋山駿氏の書評には、〝人間を観察する猫の独自の魅力発見〟と題して、「何気なく本を開いたら、面白くてそのまま終わりまで読んでしまった。」とある。猫の不思議にひきこまれての最後は、次の言葉でしめくくられている。

この本の主人公は、まさしく猫である。人間――愛猫家ではない。人間が猫を見て思うよりも、よほど深く、猫のほうがよく人間を観察し洞察して交流のサインを発している。だから、とても新鮮という感じがあった。

〈週刊朝日・92・3・27号〉

また、自身猫好きで、猫が主人公の短編二十を集めた『きょうも猫日和』の本の著者で児童文学作家・今江祥智氏は、〝猫が主人公のドキュメント〟と題して次のように記す。

岡野さんは猫と話せるし、猫も岡野さんには話しかける。読み終ってそう思った。岡野さんが世にいう愛猫家だからではない。むしろ逆に、岡野さんがいつも猫とつかず離れずの関係にいて、しかもしんから猫という生き物に友情というか、友愛をもち続けてきたからである。

（中　略）

この本がユニークなのは、一見、猫とのつきあい記みたいに書かれていながら、実は、一冊全部猫が主人公のドキュメントになさったことである。いつのまにか猫の側にたち、猫を見、猫とつき合っている自分を見ている。猫化した岡野さんが人間の岡野さんを見ている気配があるところである。（後略）

〈週刊読書人・92・4・20号〉

私が、猫一族に見こまれて共に暮らした七年間の家族生活――。それは、今ふり返っても、かなりドラマティックだ。このほど、パウル・ライハウゼン著『ネコの行動学』

（今泉吉晴＋今泉みね子訳・どうぶつ社）と読み較べてみて、改めてそう思った。

パウル氏は「ネコ博士」として世界的に著名なドイツの学者で、四十年以上を、イエネコを中心とするネコ科動物の研究一筋に捧げた人である。博士の専門分野は比較行動学で、六年の間に「合計三十頭のイエネコで観察と実験をおこなった」と、著書のまえがきにある。その観察ぶりは徹底していて、肉眼だけではなく、フィルム撮影による駒割り場面の精密な記録で、映像の分析を行う。

「社会行動」の項では、〝未知のネコの出会い〟に始まり、〝雄ネコの闘争〟〝なわばりの行動と順位〟〝性行動〟〝子育て〟等々、二十四章にわたる観察結果が詳細に記されている。何れ《いず》も、わが家の猫たちで私が経験したことであった。なかでも第二章、よく知っている人間に対する行動では、

たいていの場合、人間はやはり単純に同種仲間とみなされるわけではない。なぜなら、ネコと人間の関係は、二頭のネコどうしよりもはるかに親密で友好的になるからだ。

といった興味深い文章にゆき当る。私のかつての猫家族との同居生活が、あれほど変化に満ち幸せであったのは、そのせいだったのか——。

しかし、パウル博士のそれは、実験的な〝イエネコの強制社会〟のなかで行われたことであり、私の、いわばゆき当りばったりの、偶然の連続の如き経験とは本質的に異なるものだ。

例えば、わが家の二代目の兄猫と三代目の弟猫が力をあわせて、母猫の新たな出産の介添をする場面など、実験観察ではおそらく見ることができない光景であろう。また、成長した兄猫の、母猫の乳房に対する執着の強さに私は啞然とした。兄猫たちは、幼い弟妹を世話したご褒美として、当然のように母猫の乳の分け前に預かる。赤ちゃん猫に混じってのそうした姿は、かなり異様だ。成長した弟猫が、兄猫の乳首を吸う場面にも何度か出合った。この場合、兄猫は母猫の代わりをつとめることになる。私には実験観察といったような目的意識はなかったから、こうして、彼らは自然の姿を惜しみなく見せてくれたのであろう。

さて、これまでに私は、猫が主人公の童話を何冊か書いた。

『あめの日のどん』（小野かおる・絵／実業之日本社、1970）から始まって、『るすばんねこ』（渡辺洋二・絵／あかね書房、1973）『ポケットの中のひみつ』（丸木俊・絵／フレーベル館、1974）『でんわにでたのはだれ』（渡辺洋二・絵／あかね書房、1976）『ひかるゴンドラ』（赤坂三好・絵／小学館、1977）黒ねこどんの四部作

『あめの日のどん』『かぜの日のどん』『ゆきの日のどん』『はれの日のどん』（渡辺洋二・絵／理論社、1982〜1986）

これらは、私の子ども時代に出会った猫や、古い借家時代ののら、初めて飼ったトラが混りあい、現実と空想がひとつになったファンタジーの世界の猫たちであった。

しかし、何といっても、事実の記録はそれ以上の不思議さに満ち満ちている。猫は〝考える動物〟であり、いくら書いても書ききることがない。〝猫の数だけ個性がある〟といった、イタリアの昆虫学者で大の猫好きのジョルジョ・チェッリ氏の言葉通りだ。

このほど、猫三部作の一作目が、文庫版として誕生した。文庫化に当っては、新たな写真も加え、更なる充実を図った。写真は何れも著者自身の撮影によるものである。

この企画の実現と編集でご尽力下さいました、草思社の編集部長・藤田博氏と、編集担当の麻生泰子氏に、心より感謝申しあげます。

二〇一三年十月

岡野薫子

＊本書は、一九九二年に当社より刊行した作品を文庫化したものです。

草思社文庫

猫がドアをノックする

2013年12月9日　第1刷発行

著　者　岡野薫子
発行者　藤田 博
発行所　株式会社 草思社
〒160-0022　東京都新宿区新宿5-3-15
電話　03(4580)7680(編集)
　　　03(4580)7676(営業)
　　　http://www.soshisha.com/
印刷所　株式会社 三陽社
付物印刷　日経印刷 株式会社
製本所　株式会社 坂田製本
本体表紙デザイン　間村俊一

1992, 2013 © Kaoruko Okano

ISBN978-4-7942-2023-3　Printed in Japan

草思社文庫既刊

## 人は成熟するにつれて若くなる

ヘルマン・ヘッセ　岡田朝雄＝訳

年をとっていることは、若いことと同じように美しく神聖な使命である（本文より）。老境に達した文豪ヘッセがたどりついた「老いる」ことの秘かな悦びと発見を綴る詩文集。

## 庭仕事の愉しみ

ヘルマン・ヘッセ　岡田朝雄＝訳

庭仕事とは魂を解放する瞑想である。草花や樹木が生命の秘密を教えてくれる——。文豪ヘッセが庭仕事を通して学んだ「自然と人生」の叡知を、詩とエッセイに綴る。自筆の水彩画多数掲載。

## 犬たちの隠された生活

エリザベス・マーシャル・トーマス　深町眞理子＝訳

人間の最良のパートナーである犬は、何を考え、行動しているのか。社会規律、派閥争い、恋愛沙汰など、人類学者が三十年にわたる観察によって解き明かした、犬たちの知られざる世界。

## 草思社文庫既刊

齋藤 孝
### 声に出して読みたい日本語①②

黙読するのではなく覚えて声に出す心地よさ。日本語のもつ豊かさ美しさを身体をもって知ることのできる名文の暗誦テキスト。日本語ブームを起こし、国語教育の現場を変えたミリオンセラー。

長沢 節
### 大人の女が美しい

若くてかわいいだけの女なんてつまらない。女性の本当の魅力は、知性も感性も肉体も磨きぬかれた「大人の女」に備わるもの。セツ・モードセミナー創設者による名エッセイが文庫で復活。

中村喜春
### 江戸っ子芸者一代記

コクトー、チャップリンなど来日した要人のお座敷で接待した新橋芸者・喜春姐さん。銀座の医者の家に生まれ、芸者になったいきさつ、華族との恋、外交官との結婚と戦前の花柳界を生きた半生を記す。